本書で紹介するタコ（一部）

① ワモンダコ（撮影　網田全氏）

JN053348

② カイダコ（撮影　網田全氏）

③ ワモンダコの交接。オス（左）が交接腕をメス（右）の外套膜に挿入している（撮影　網田全氏）

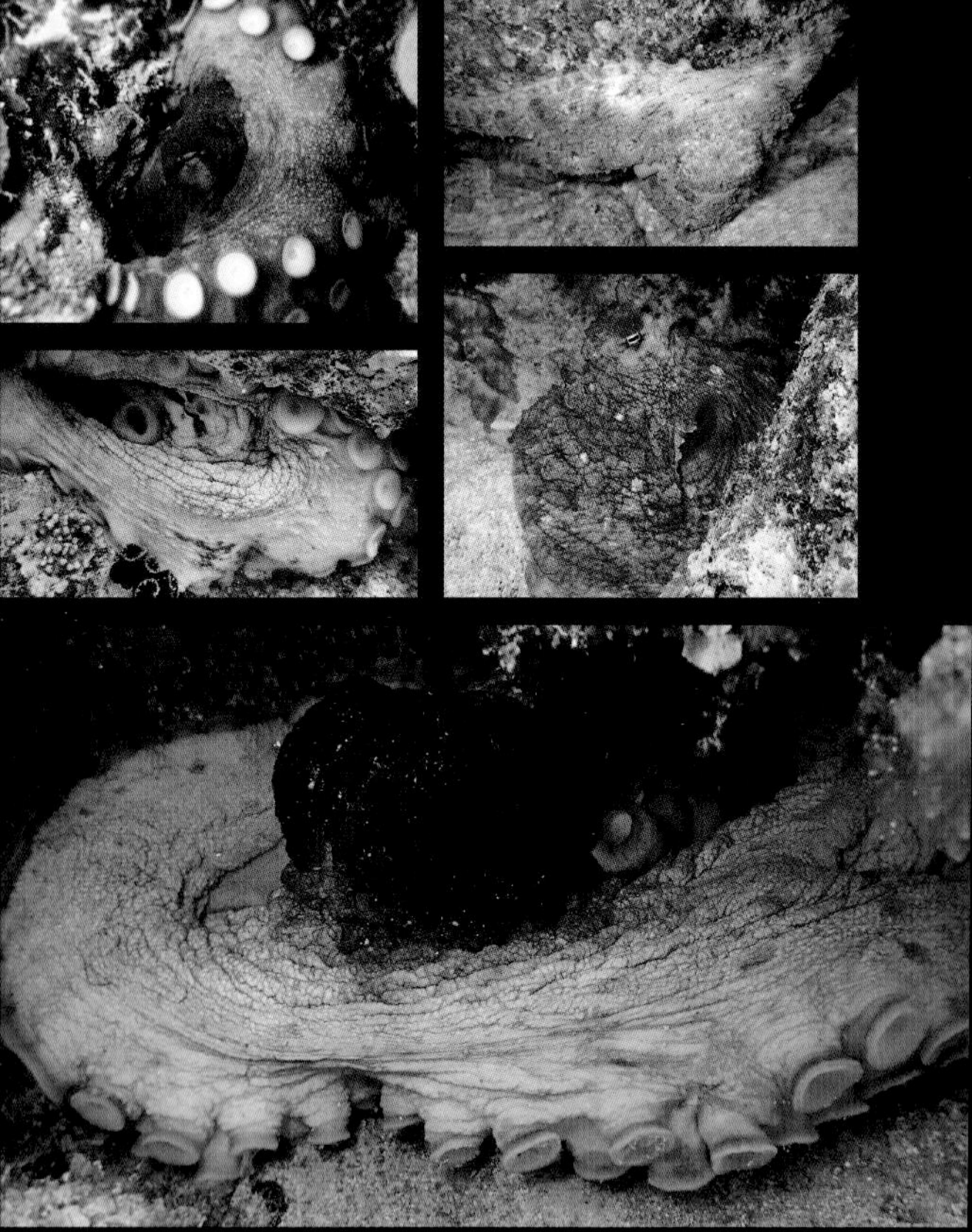

④ 様々な体色パターンを見せるワモンダコ
（撮影　網田全氏）

⑤ オオマルモンダコ（撮影　川島菫氏）

⑥ 表皮に凹凸パターンを出したワモンダコ。左のオスが右のメスに交接腕を挿入している。③と比較すると体表パターンの違いがよくわかる。
（撮影　網田全氏）

⑦ 岩肌に擬態するウデナガカクレダコ（撮影　安室春彦博士）

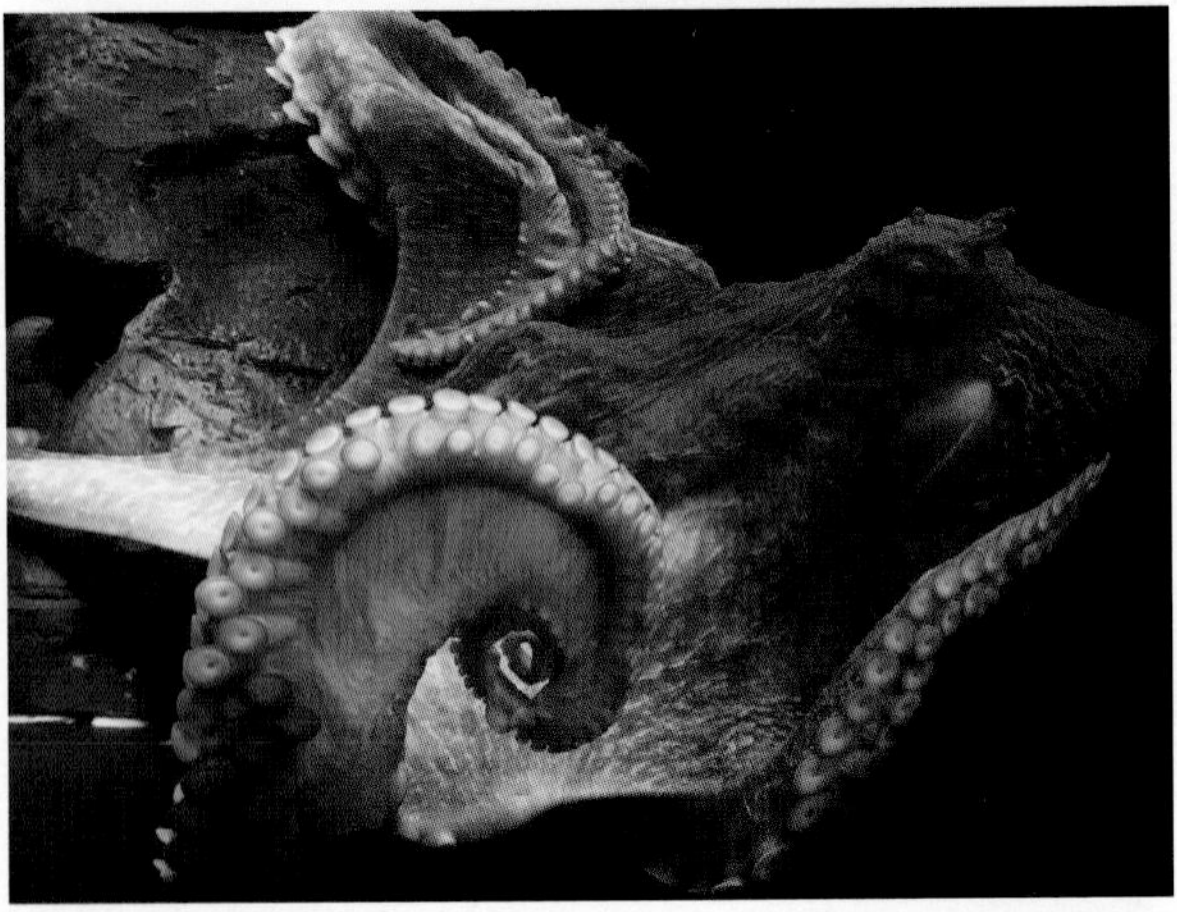

⑧ ミズダコ（撮影　川島菫氏）

⑨ ウデナガカクレダコの産出卵（海藤花）
（撮影　柳澤涼子氏）

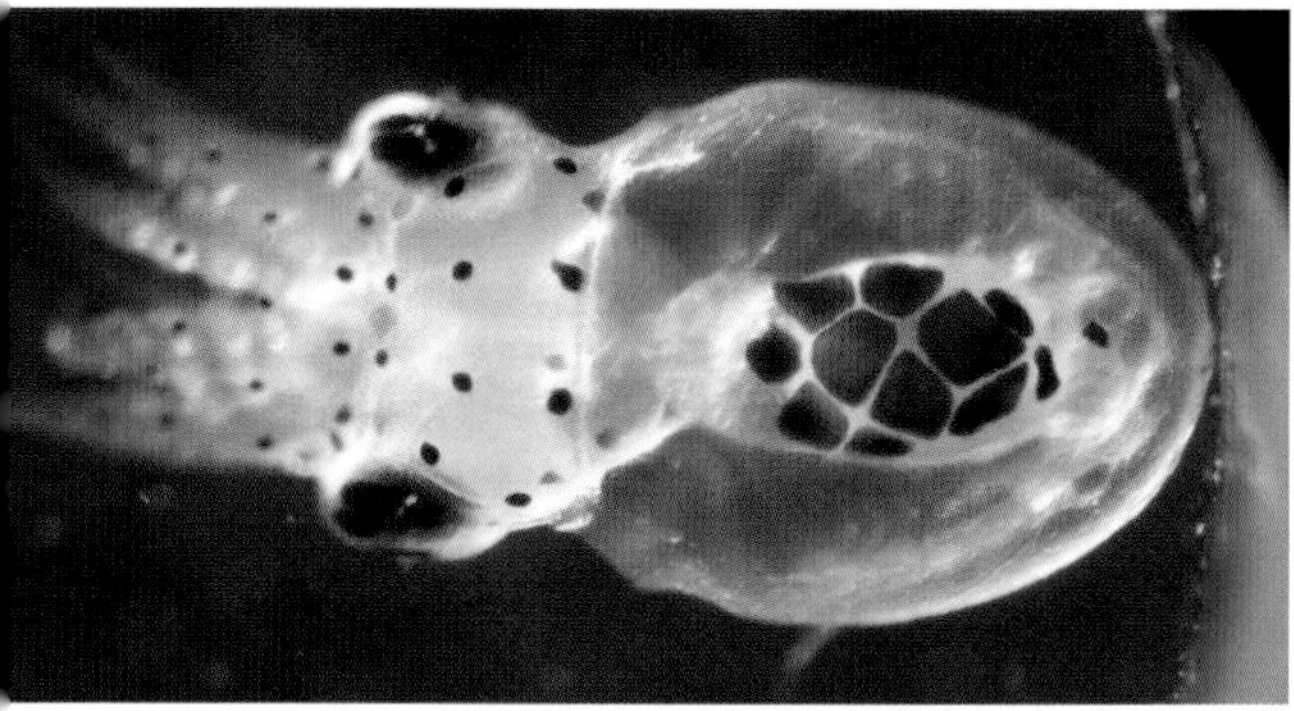

⑩ ウデナガカクレダコの孵化個体（撮影　島添幸司氏）

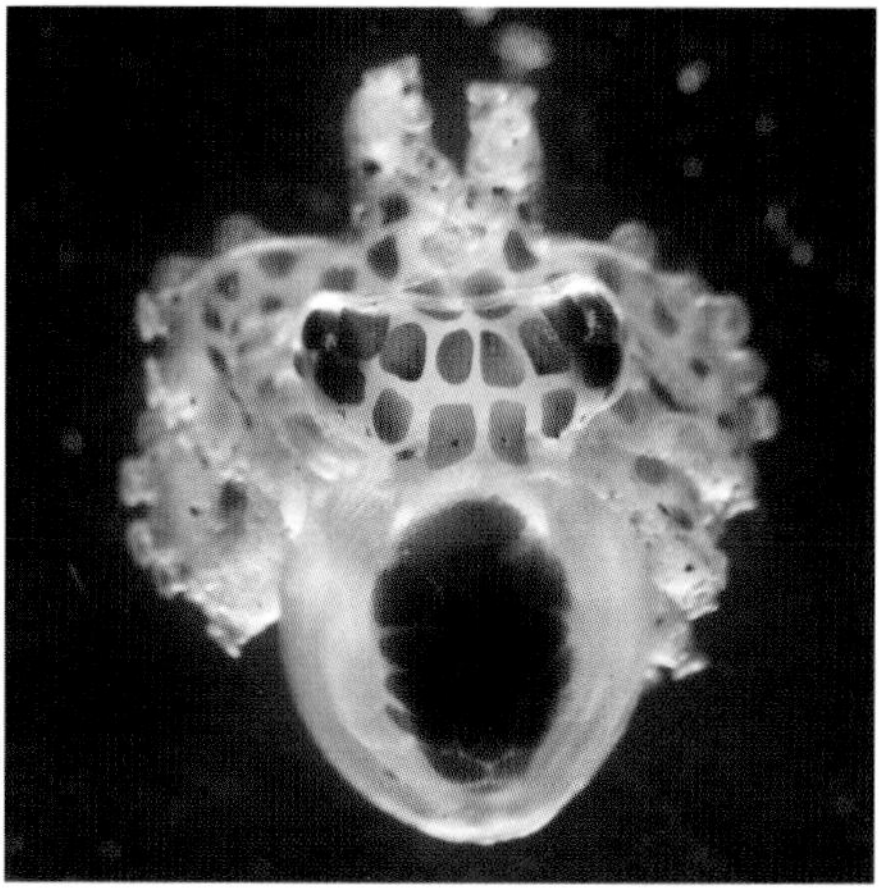

⑪ ウデナガカクレダコの着底個体（撮影　島添幸司氏）

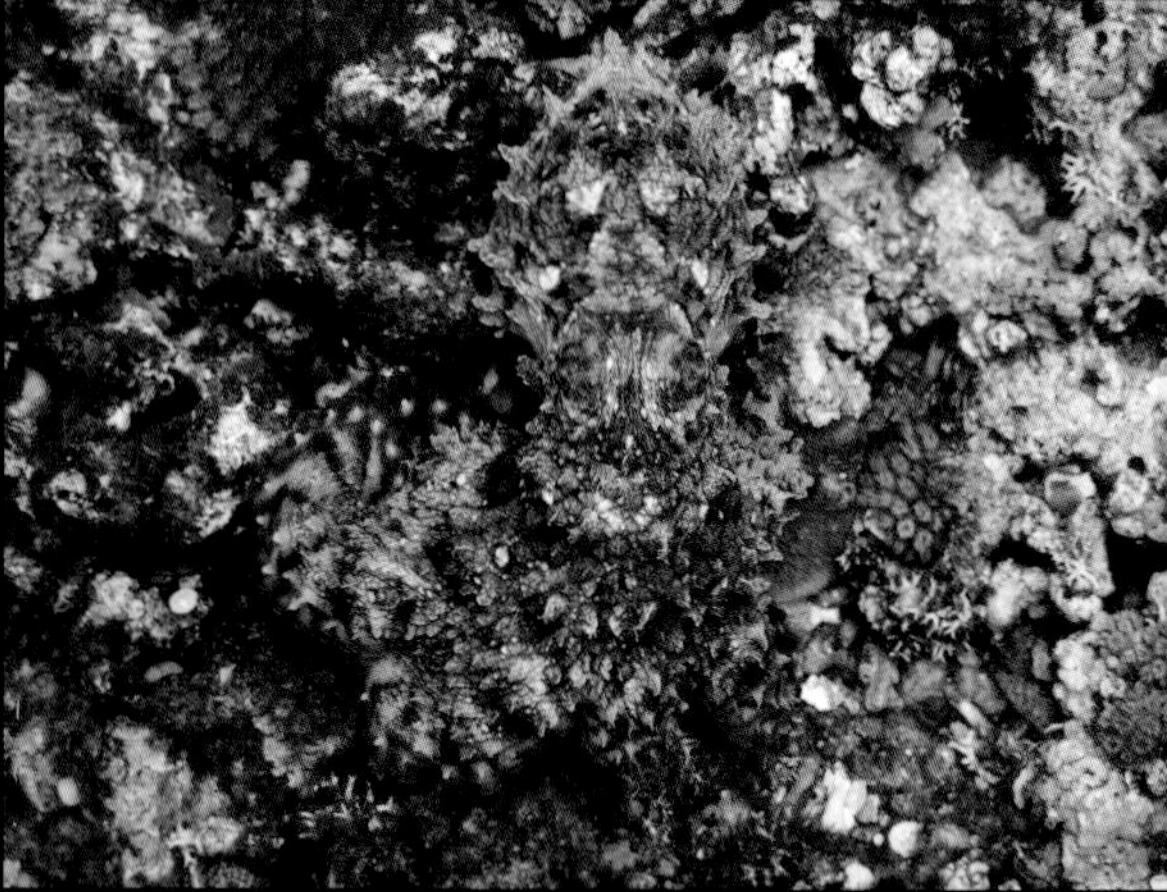

⑫ ウデナガカクレダコ（撮影　柳澤涼子氏）

⑬ ヒラオリダコ（撮影　川島菫氏）

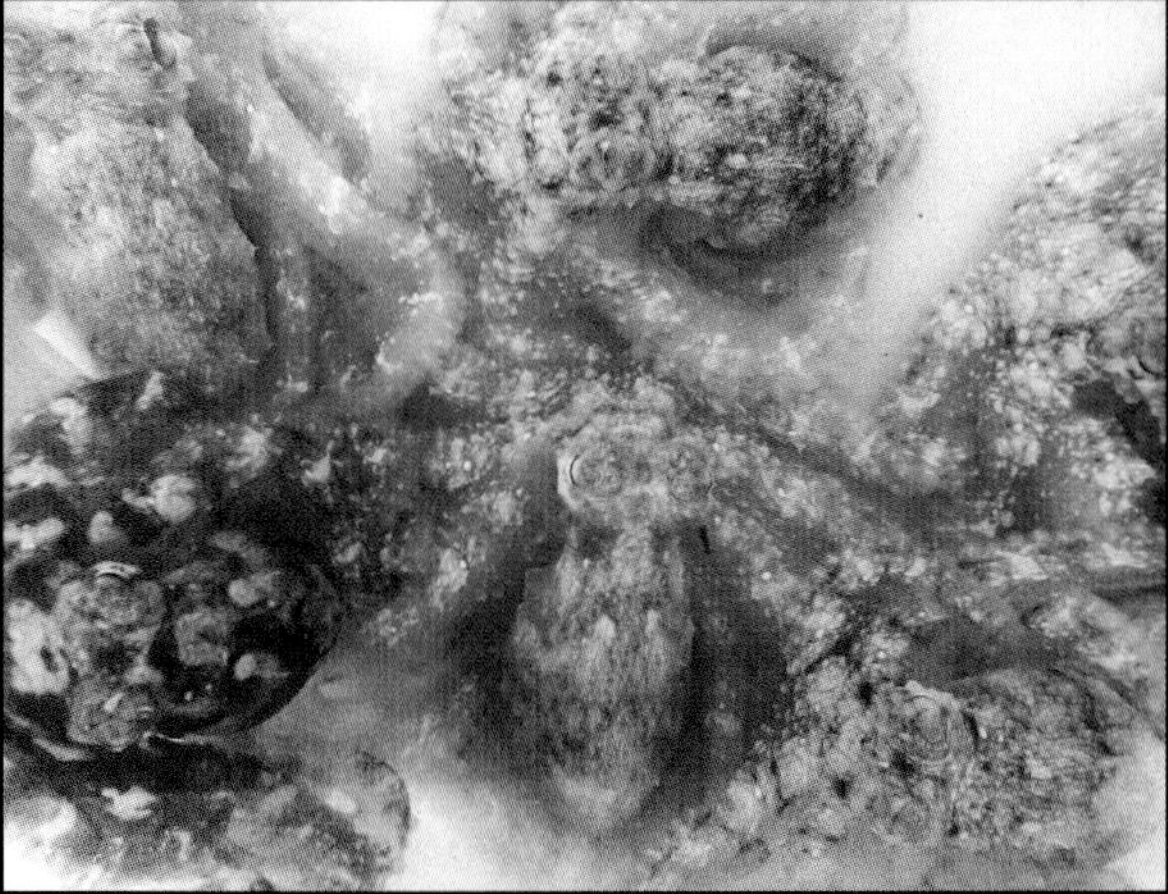

⑭ ソデフリダコ。6個体が密接している（撮影　川島董氏）

⑮ 沖縄本島の岩礁帯に生息する *Octopus* sp.（仮称トロピダコ）

⑯ トラフコウイカ（撮影　中井友理香氏）

⑰ コブシメ（撮影　網田全氏）

朝日新書
Asahi Shinsho 761

タコの知性

その感覚と思考

池田　譲

朝日新聞出版

帯イラストレーション／ヒグチユウコ
帯デザイン／柳沼博雅（GOAT）

まえがき

昭和が最後を迎える前々年の一九八七年。

目の前の棚には小ぶりなガラス水槽が並んでいた。ここは北海道大学水産学部水槽センター。一面の天窓《てんまど》から陽光が降り注ぎ、水槽の壁面をキラキラと照らしている。

ぼくは白衣に長靴という出《い》で立《た》ちで、水槽の中を泳ぐ小さな生き物を見つめていた。グッピーである。プラスチック製の青いバケツを片手に下げたぼくは、水産増殖《すいさんぞうしょく》学科《がっか》の四年生。淡水増殖《たんすいぞうしょく》学講座《がくこうざ》という研究室で卒業研究に取り組んでいた。

それにしても北海道は寒冷の地。そこに熱帯原産のグッピーとは元来おかしな光景だ。理由がある。グッピーたちは科学研究のためにそこにいたのだ。

多くの魚はメスが水中に卵を産み、そこにオスが精子をかけて受精が起こる。産卵である。ところが、グッピーは風変わりな魚で、メスが子どもを産み出す。出産だ。赤ちゃんグッピーがメスのお腹から出てくるのである。ここだけ見るとヒトの出産と同じだが、違うのは一度にたくさんの赤ちゃんグッピーが産み出されてくることだ。

　そんなグッピーの特性を利用して、ぼくは実験的操作を試みていた。妊娠しているグッピーのメスに、メチルテストステロンという薬品を混ぜた餌を毎日与える。グッピーのお腹の中には出産を待つたくさんのグッピー胎仔《たいし》がいる。その中にはオスもいればメスもいる。ところが、メチルテストステロンが母胎《ぼたい》を通じて取り込まれると、生まれ出る赤ちゃんグッピーはみんなオスになる。本来はメスとして生まれるものがオスとして生まれるのだ。このようなグッピーは見かけがオスになったもので、偽雄《にせおす》と呼ばれる。勝手にオスにさせられ偽物扱いされたのでは、当のグッピーもいい面《つら》の皮だが、ぼくは大量の偽雄を作出しようとしていた。

　偽雄は見かけこそオスだが、その性染色体《せいせんしょくたい》の構成はＸＸである。これは本来のメスと同じ染色体構成なのだ。これに対し、本来のオスの性染色体構成はＸＹである。つまりヒトと同じだ。ＸＸの偽雄とＸＸのメスを交配させると、生まれてくるグッピーはすべてＸＸの個体となり、赤ちゃんグッピーは全員がメスとなる。全雌《ぜんめす》である。メスであれば、卵子をつくる臓器の卵巣《らんそう》がやがて発達する。

　ところが、メスとして生まれたグッピーに、エストラジオールやテストステロンといった雄性《ゆうせい》生殖ホルモンを投与し続けると、卵巣になるはずの器官が精巣《せいそう》になる。雄化《おすか》と言われる現象だ。ぼくはこの雄化の仕組みを、メスとして生まれてくることがわかっているグッピーの全雌を用いて探っていたのだ。

水産学というと、魚の獲《と》り方や殖《ふ》やし方を専《もっぱ》ら研究している分野と思われがちだ。しかし、ぼくが身を置いた北海道大学水産学部水産増殖学科は「理学部魚類学科《ぎょるいがっか》」の異名をとっていた。これは上手いネーミングだ。グッピーがどうオスになるのか？　寿司ネタにならないこの可愛らしい魚を実験し、メスの体をオスに変えるなどという妙技は、いかにも基礎科学の殿堂である理学部でやりそうな研究だ。でも、ここは水産学部。応用科学を旨《むね》とするこの学舎《まなびや》は、世間の印象とは裏腹にひたすら基礎科学が展開される空間だった。

そんなところで過ごしていると、卒業生の多くが就職せずに大学院という一段上の学舎へと駒を進める。ぼくもその一人であり、後の人生を左右する航路変更を行なう運びとなった。

どうも常道を踏み行かない性分なのか、大学院に進むに際しぼくはほんの少しだけオプショナルな道を選んだ。淡水増殖学講座から別の研究室に引っ越したのだ。その名は北海道大学水産学部附属北洋水産研究施設《ほくようすいさんけんきゅうしせつ》海洋生態学《かいようせいたいがく》部門。正式名称は随分と長いが、通称はさらりと短く北洋研《ほくようけん》。ここがぼくの新天地となった。そこでぼくは、恩師の勧めでイカと出会うことになる。

イカとは、思わず失笑を嚙み殺してしまいそうになる生物だ。いや、漫画のキャラクターと言う方が当たっている。何を好きこのんでイカなのか。それには個人的なワケがある。

水産学の花形はなんと言っても魚だ。日本で、そして世界で魚は圧倒的な漁獲量を誇る。そのため、水産学では最重要の対象と位置づけられる。水産学を構成している分類学、生理学、生態学など、様々なジャンルで魚はメジャーな研究対象だ。ウナギの赤ちゃんを誕生させたと言えば大きなニュースになり、サケを生まれ故郷の川に戻すため「カムバックサーモン！」と叫べば注目された。

そんな水産学の世界に身を置いたものの、ぼくはさほど魚への関心はなかった。いや、あろうことか、水産学そのものに特段の興味がなかった。

ぼくの興味の中心は生物学であった。理学部だろうと、水産学部だろうと、はたまた農学部だろうと、ぼくは生物学を学びたかった。なるほど、学びの対象として魚も面白いが、別にそこにこだわりはない。

「水産だからって魚好きだと思うなよ」である。

そんなぼくには、イカは謎多き生き物として至極《しごく》面白そうに見えたのだ。

かくして、北洋研の大学院生となったぼくは、臨海実験所に設置された大型水槽でスルメイカというイカを飼育し、彼らの生殖の謎解きに挑むことになった。実は、スルメイカは日本人が最もよく食べている水産物の一つで、漁獲量はトップクラス。マグロやサケにも引けを取らない。だが、生態が謎に包まれたイカであった。おまけに、このイカは外海を回遊しており人工環境で飼うことが極めて難しい。デリケートなのだ。

恩師の手ほどきを受けてスルメイカの世話に明け暮れていたとき、期せずしてぼくはマダコというタコについて知ることになる。

マダコは日本ではたこ焼きの具となるタコだが、意外にもそのユニークな生物像は、たこ焼き発祥の地ではないヨーロッパで古くから研究されてきた。その中には、ぼくがテーマとした生殖生物学もあった。しかも、それはすこぶるエレガントなものだった。タコの生殖の仕組みを探る一環として、マダコを麻酔下で手術し、脳の一部を切除して体に起こる変化を調べる外科的措置《げかてきそち》。そんな手法を使った研究だった。

これにより、タコの脳にはヒトの脳にある脳下垂体《のうかすいたい》というホルモンの司令塔とよく似た働きをする器官、視柄腺《しへいせん》があることがわかった。一九五〇年代にイタリアのナポリにある臨海実験所で、英国人の手により解き明かされたものだ。これはヒトとタコという、系統が大きく離れた動物の間に見られる相似器官の存在を示したもので、生殖生物学の教科書に登場する金字塔的な研究だ。

タコはイカの親戚。ぼくは、マダコについて報告されたこの研究論文を教科書のように読んだ。こんな研究をスルメイカでやれたら。しかし、同じことをデリケートなスルメイカでやろうとしたら、手塚漫画に出てくる天才外科医（ただし医師免許はもっていない）ブラック・ジャック並みの手術手技が要求される。さらに、件《くだん》の英国の研究者たちは、その見事な外科手術のテクニックを駆使してマダコのユニークな一面も明らかにしていた。それは、彼らがハイレベルな学習をやってのける海底の賢者であることだった。ぼくは、マダコという動物に強い憧憬の気持ちを抱いた。

＊

少々長い履歴語りになった。本書はタコについて、その実像を語ろうとするものである。

タコの食としての顔は日本人にお馴染《なじ》みだが、賢者としての顔は意外と知られていない。彼らの知性はいかほどのものか。それを何に使っているのか。そもそもどうしてタコは賢さを身につけたのか。本書は、そんなタコの知性にまつわる事柄を、これまでに知られている知見を整理しながら、最新の研究成果も含めて語る書である。その中で、かつてタコに関心を抱き、今は熱帯の海を抱える沖縄の地にあって、一癖も二癖もあるタコたちの謎を追いつつある「ぼく」改め「私」が、学生たちと繰り広げる研究奮闘記もちりばめつつ語ろうとする書である。

ここ数年、タコを紹介する本が幾つか出版されている。それらは海外の著者の手によるもので、ピーター・ゴドフリー＝スミス著の『タコの心身問題』（みすず書房）のように、翻訳本が耳目《じもく》を集めているものもある。本書はそれらでも紹介されているタコの基礎事項を扱いつつも、少々異なる視点からタコを読み解くことを試みる。それは、タコが知性を獲得したわけを、彼らが暮らす海での生き残りの術から、そして親戚筋のイカとの対比も交えながら大胆に解いてみようというものである。それはまた、マダコという、これまでタコの代表者のように扱われてきたものだけではなく、熱帯の海に暮らすタコたちにも新たにスポットライトを当てることで見えてくる風景を紹介する試みでもある。そのような思いを全てまとめて「タコの知性」と表現し、本書のタイトルとした。

本書は六つの章から構成される。

先陣を切る序章で、まずはタコと私たち人との関わりを垣間見《かいまみ》る。続く第一章では、タコの生物としてのプロフィールを紹介する。そして、第二章では、タコを海底の賢者と呼ばせた知的側面について語る。

第三章では、タコが経験する感覚世界について、私の研究室で進めつつある研究内容も織り交ぜながらやや大胆に語ってみる。第四章では、タコの社会性について、熱帯域のタコを中心に新しい視点を紹介する。

そして、終章となる第五章では、タコが私たちに教えてくれることについて、少し思い切った比較動物学を展開する。

本書は、平成の時代にイカで博士となった私が、令和の時代に「タコ語り」を行なう試みの書である。そこには、時に著者流の捉え方でタコとそれにまつわる事どもを語る場面が登場する。そして、少々エモーショナルな見方も見え隠れするかもしれない。そういう意味では本書は、既存の知見を整然と並べた教科書ではない。むしろ、タコについて常識とされてきた事柄に対し、あるいはまだ未知の事柄に対して、著者なりの問題提起を試みる書でもある。

そんな本書を通じて、読者諸賢がタコという動物のもつ不可思議さと魅力を共有して下さるなら、それは著者にとって望外の喜びである。

タコの知性

その感覚と思考

目次

第四章 タコの社会性 147

写真は特に断りのないものは著者提供

序章

タコと人と日本と

ニッポンタコカルチャー

四〇年近く前の私事だが、高校の保健の授業でＷＨＯについて習う機会があった。ＷＨＯは世界保健機関（World Health Organization）のことで、英語名の頭文字をとってＷＨＯと略される。

教科書の音読に当てられた陸上部のＭ君は、世界保健機関について書かれたくだりで、一瞬のためらいの後「ＷＨＯ」を「フー」と読んだ。ＷＨＯと言っても、それは中学校で習ったwho（フー「誰」）とは明らかに違うのではないかと察したクラスの皆は、Ｍ君の読み方にさざ波のような失笑を漏らした。

ところが、年配の保健の先生は「いや、いいんだよ」と、Ｍ君の発した「フー」を擁護した。この先生の合の手を私は意外に感じた。ＷＨＯは「ダブリュー・エイチ・オー」だよな。そう思ったからである。

時を経て大学院生となった私は、ＦＡＯという文字を日常的に目にするようになった。こちらは国際連合食糧農業機関(Food and Agriculture Organization of the United Nations)で、やはり英語名の頭文字をとってＦＡＯと略す。これを「エフ・エー・オー」と読むが、

「ファオ」とも発する。つまり、FAOという英文字をそのまま発音したものだ。

　FAOがファオなら、WHOをフーと読んでもおかしくないわけで、件の保健の先生がM君の発音を擁護したことは見識に富んだものだったかもしれない、などと長年月の末に納得した。

図0-1　築地場外市場に並ぶアフリカ産のタコ

　さて、FAOである。FAOは世界の農業、水産業について膨大なデータを集め、動向を分析している。その二〇一八年版の資料によれば、二〇一六年、二〇一七年には中国とモロッコが世界的なタコの輸出国となっている。つまり、これら二国でタコが大量に漁獲されているのだ（図0-1）。そして、それを海外に輸出している。タコというと、ともすると日本の地《じ》のものという印象があるかもしれないが、タコは全世界の海に生息する生き物だ。

　一方、日本、アメリカ合衆国、スペインやイタリアといった国々は、世界的なタコとイカの輸入国である。

売る国があれば買う国があるわけだが、ここ最近は世の中でタコとイカの需要が高まっている。それには、日本料理、ハワイ料理のポケ、そしてスペイン料理のタパスの世界的な人気が一役買っている。これらの料理にタコとイカが使われるのだ。人間の嗜好《しこう》の変化で大量に漁獲されてしまうのだから、タコとイカにすれば迷惑な話だが、食を通じてタコとイカは私たち人間の暮らしに深く入り込んでいる。

さらに、最近のＦＡＯの統計を紐解《ひもと》けば、二〇一七年に世界の海で三七七万二五六五トンのタコとイカが漁獲されている。この内の一割ほどがタコの漁獲で、残りはイカだ。タコとイカと一括りにされるが、漁獲量はイカの方が圧倒的に多い。例えば、二〇一七年にアメリカオオアカイカという大型のイカは七六万三四四〇トン漁獲されており、アルゼンチンマツイカとスルメイカがそれぞれ三五万九七二二トン、一五万二八三九トン漁獲されている。単一の種類のイカだけで、タコ全部の漁獲量の倍か同じくらい、あるいは半分近くも漁獲されていることになる。もとより、タコはたった一種類というわけではない。マダコやイイダコなど、名前の違うタコがいる。そういった色々なタコを全部合わせても、それらの漁獲量はイカには遠く及ばないということである。

漁獲量に見るタコとイカとの違いは、奇しくも両者の暮らしぶりの違いを反映している。

ここに登場した莫大《ばくだい》な漁獲量のイカたちは、何《いず》れも海の表層で大規模な群れをつくる。つまり、同じ種類のイカが比較的浅いところを集団で行動している。そういう集団を一網打《いちもうだ》尽《じん》にするわけで、獲れる数も桁違いに多くなる。一方のタコは、集団をつくらない。個々が海底で単独で暮らしている。それを蛸壺《たこつぼ》や釣りで獲るのだから、そうそう数は稼げない。勿論《もちろん》、海に生息する個体数の違いもあるだろう。

漁獲量ではイカに負けるものの、タコは印象的な海の幸だ。世界有数のタコの輸入国であり、自国の海でもタコを漁獲している日本は、古くからタコを多く食べてきた国である。

図0-2　たこ焼き

単によく食べるというだけではなく、多彩な形でタコを食べてきた。刺身、寿司、蛸酢、おでん、蛸飯、天ぷら、そして忘れてはいけない、たこ焼き（図0-2）。日本各所の郷土料理も含めれば、さらに多くのタコ料理を食卓に並べることができるだろう。アメリカもスペインも、そしてイタリアも、タコを輸入してまで消費する国とはいえ、こんなに多様な形でタコを食べることはないだろう。そもそも、彼《か》の国には蛸《たこ》煎餅《せんべい》はないはずだ。

南蛮《なんばん》嗜好のある織田信長《おだのぶなが》が初めて地球儀に自身の国を認めたとき、その小ささに驚いたことだろう。時代が進んで幕末。維新の立役者となった坂本龍馬《さかもとりょうま》にしろ、桂小五郎《かつらこごろう》にしろ、西郷吉之助《さいごうきちのすけ》にしろ、世界の中での自国の小ささに驚き、初めて日本という国を意識したのではないだろうか。

「まことに小さな国が、開化期をむかえようとしている」とは、司馬遼太郎《しばりょうたろう》の筆による『坂の上の雲』の冒頭の一文だが、広い世界にあってまことに小さな領土しかない島国日本。その小さな国で、タコは多様に独特に食されている。それはそのまま、日本の民のタコへのユニークな親近感を生み出した。

日本のどこにあっても、周囲に目を凝らせば容易にタコを見つけることができる。なにも魚屋さんやスーパーの鮮魚コーナーばかりがタコの居場所ではない。公園の遊具だったり、小さなマスコットだったり、缶詰に描かれた絵だったり、あちらこちらに球体に八本の腕がニョロリと出たタコのキャラクターたちがいる（図0-3）。そういったものに、日本人であれば特段の違和感を抱くことはない。「ああ、タコか」くらいの感覚だろう。口を尖《とが》らせたひょっとこのようなタコの面持ちは、なんとも剽軽《ひょうきん》で滑稽な印象を与える。

それがまた、さらなる親近感を生み出す。それはなにも最近の話というわけではない。名作漫画『のらくろ』の作者である田河水泡《たがわすいほう》氏は、一九三一年（昭和六年）に漫画『蛸の八ちゃん』を発表している。八ちゃんは大人のタコで、蛸壺で釣り上げられたものの、一転して人間の社会で大勢の小ダコたちと生活を始め、その日常では微笑ましいハプニングが次々と起こる。八ちゃんは洋服を着て丸メガネをかけているという出で立ちで、それがまた印象的な漫画だ。そんなタコを主人公にした作品が昭和の初期に世に出て大ヒットした。古くから日本人はタコを受け入れる民族だ。

図0-3　タコをモチーフとしたキャラクター

そういう土壌は得てして独特な信心をも生み出すことがある。タコもまたそうで、日本の各所には蛸薬師《たこやくし》があり、寺の本尊としてタコが祀《まつ》られている。私はそちらの方面の信仰心は持ち合わせていないが、タコの民俗学的な側面は刀《と》禰《ね》勇太郎《ゆうたろう》氏の力作『蛸』（法政大学出版局）に詳しい。換言すれば、一冊の立派な専門書が出来上がるほどに、タコと日本人には親密なつながりがある。どうも滑稽キャラだけではない一面がタコにはあるようだ。何れの側面も、タコがよく食べられていることに端を発していると言えそうだ。

タコを調べた日本人

井上靖《いのうえやすし》の小説『あした来る人』に登場する曾根二郎《そねじろう》は、カジカの研究者である。カジカは魚類の一種で、大きな口をしたいかつい顔の魚だ。少し飛び出た目がキョロッ、キョロッと動く様が可愛らしい魚でもある。曾根はカジカを探し求めて日本全国へと足を運ぶ。カジカを採集してはホルマリンに漬けて固定し、詳しく観察する。曾根の専門は魚類学と読み取れる。

私が北海道大学で水産学の学舎に学んでいたとき、尼岡邦夫《あまおかくにお》教授の「魚類学」の講義を受けた。毎回、ご自身の研究経験を織り交ぜてお話しされる尼岡先生の講義はすこぶる面白く、時折、教室に爆笑の風が吹いた。尼岡先生は異体類《いたいるい》と呼ばれるヒラメ、カレイの専門家、世界的な魚類学者だった。

そんな先生は学生の頃、リュックを背負って日本の各地に魚の採集に行かれたそうだ。「井上靖の小説に出てくるようなロマンスはなかった」。講義の中で、そう言われたのが印象的だった。

『あした来る人』の曾根二郎も同じく魚類学者であったが、こちらは美しい人から心ひかれるというロマンスを伴っていた。現実の魚類学者の場合は、どうもそうではなかったらしい。

『あした来る人』よろしく、魚ではなくタコを研究する日本人がいた。小説で描かれた曾根二郎よりもずっと前の時代だ。二人、紹介しよう。

一人は佐々木望《ささきまどか》その人。東北帝国大学農科大学水産学科、北海道帝国大学附属水産専門部（どちらも現在の北海道大学水産学部の前身）で教授を務め、水産動物学を講じた人だ。

佐々木は一八八三年（明治一六年）に広島市に生を享《う》けた人で、東京帝国大学（東京大学の前身）の卒業。

佐々木は、日本周辺に生息するタコとイカについて研究した人として、その方面では世界的に知られる。日本の海にはどのようなタコやイカがいるのかを調べ、リストアップし、それぞれについて克明に記載した。分類学と呼ばれる学問である。それらの成果をまとめた佐々木の手による英文のモノグラフは大作で、一九二九年に発表された。

モノグラフにあるカラーの図版は秀逸。タコとイカが実に美しく、かつリアルに描かれている。絵を描くというと芸術の世界の話のようだが、必ずしもそうではない。生物学、殊に分類学では動物や植物を克明に描く必要がある。スケッチである。それがそのまま科学的なデータとなり、エビデンスとなる。

かつて佐々木望が教鞭をとった水産増殖学科に学んだ私は、午前中は座学の講義で、午後は実験という日々を送っていた。午後の実験には色々なプログラムがあったが、最初に受講したのが「水産動物学実験」だった。ここでは、ケガニやらホタテガイやら、そして後に私が研究することとなったスルメイカやら、どれをとっても「ザ・水産物」という面々を細かく観察した。白いバットに置かれた彼らを、じっくり見てはケント紙というやや厚手の紙に鉛筆で写生するのが私たち学生のやるべき課題であった。スケッチである。来る日も来る日もスケッチである。

「スケッチは芸術作品である必要はない。ただし、正確に描くこと。」これが実験担当の助手の先生から言われたことだ。そのため、ケガニの毛の一本一本まで正確に描いた。こんなに絵を描くなら、いっそのこと美術大学に進めば良かった。そんな本音とも冗談ともわからない言葉を発しつつ、私たちはひたすらバットに置かれた標本をスケッチした。白衣を着た四〇名ほどの学生たちが、静まり返った実験室でひたすら鉛筆を走らせた。

佐々木望教授はそれをはるかに凌駕《りょうが》する枚数のスケッチを描いたのだろう。それも、タコとイカのスケッチを、である。勿論、それら論文の中に描かれたタコやイカのスケッチは精緻なもので、個々の特徴を見事に捉えている。佐々木教授が行なったことは、該当の地域にどのようなタコやイカがいるのか、つまりは日本のタコ類相《そう》、イカ類相を明らかにする仕事で、何らかの生き物を研究する際に最初に取り組むべき基礎的な課題である。

佐々木望は短命な人であった。研究者として最も活力があると思われる四四歳という年齢で、滞在先であったハンガリーのブダペストで病没している。一九二七年（昭和二年）のことだ。その後、日本は戦乱の渦に巻き込まれていくが、もしも佐々木が生を永らえていたならば、昭和初期のタコとイカに関する生物学はまた違った様相を見せていたかもしれない。なお、佐々木教授が集め、詳しく記載したタコやイカのおびただしい標本の数々は、佐々木コレクションとして北海道大学や東京大学に保存され、今も学問の世界に貢献し続けている。

『あした来る人』にかこつけた日本人のタコ学者の二人目は、瀧巌《たきいわお》その人。瀧は夏目漱石《なつめそうせき》の『坊っちゃん』でも有名な愛媛県松山市の生まれ。一九〇一年（明治三四年）に生を享けているので、先の佐々木望より二〇歳近く歳下になる。佐々木が大学で講じていた頃、瀧は学生として過ごしていたというところか。

瀧は広島高等師範学校（広島大学の前身）を卒業し、さらに京都帝国大学（京都大学の前身）を卒業している。後に、広島大学水畜産学部（現在の広島大学生物生産学部）教授、同大学臨海実験所長を務めた。

瀧教授は正真正銘のタコ学者で、タコの生理学、分類学を進めた。分類学は先ほどの佐々木望も行なっていたものだが、生理学は少し毛色が違う。これは、生物がどのように生命を維持しているのかを探る学問分野で、呼吸、血液循環、ホルモンの作用など、広範な生命現象がその研究対象となる。多くの場合、生理学では生きた生物を対象とする。生きている状態を探るので、当たり前といえば当たり前だが、これを行なうには一つ必要なことがある。対象とする生き物を生かしておくことだ。要は「飼う」ことだ。しかし、対象とする生き物の種類によってはこれが難しい。

瀧はマダコを生理学の対象とした。瀧が身を置いていた臨海実験所は広島県の尾道《おのみち》にあった（現在も同大学の臨海実験所がある）。尾道に限らず、マダコは日本各地に生息しているタコで、たこ焼きの具にもなるポピュラーなタコだ。瀬戸内海を擁する尾道で瀧がマダコを研究したことは自然なことと言えるが、当時、マダコを定常的に飼っていた人などいなかっただろう。特に、科学研究の対象としてそれを身近に置いて世話をしていた人は皆無であったはずだ。

マダコの生理学をやるにはまずはマダコを飼わねばならない。そこで、瀧はマダコを飼育して観察する飼育実験の手法を編み出した。そして、飼育動物のマダコに外科的な手術を施す実験的操作を行ない、これについて報告している。なんだかどこかで聞いたような話である。「まえがき」で触れた、英国の研究者がナポリを舞台として行なったマダコの研究、その中で彼らが行なった外科的措置だ。実は、こういう手法の先駆けは瀧教授の手によるものである。

タコとイカの生物学を昭和から平成にかけて国際的に牽引された奥谷喬司《おくたにたかし》先生（東京水産大学名誉教授）が、『うみうし通信』（水産無脊椎動物研究所発行）に最近したためられたところによれば、瀧は尾道で見出《みいだ》したマダコの飼育法、実験操作について、秘匿することなく公開したそうだ。これが、後にナポリで展開されたマダコの実験研究の端緒になった。つまりは、尾道発のマダコ研究が、後に大きな学派として勃興することとなるヨーロッパのタコ研究を可能にしたと言える。タコ研究の源流は日本にあったということか。

瀧は広島大学を定年退官後は、関西外国語短期大学、関西外国語大学、京都産業大学で教授を務め、教育界への貢献を続けた。一九八四年にこの世を去っている。奇しくも同年は、私が大学に入学した年だ。

無論、当時の私は自分が後にタコやイカの研究に携わることになるとは露知らず、スパイクタイヤが巻き起こす車粉《しゃふん》がおさまった札幌の街を歩いていた。極めて不遜に、かつドラマチックに解釈すれば、タコ学のバトンがこの時に、不肖の私に渡されたのかもしれない。もっとも、そんな格好良い歴史解釈を許していただけるとしても、そのことに本人が気づくのは随分と後のことだ。

『あした来る人』に出てくる魚類学者の曾根二郎に佐々木望、瀧巌という二人のジャイアントをなぞらえることは不適当とはいうものの、戦前戦後を通じて、タコに関わる学問で、世界に誇ることができ、また少なからぬ影響を与えた日本人がいたことは本書の最初に銘記しておきたい。このお二人もまた、タコを食し、タコに親しむ国に生まれ育ったが故にタコに目を向けたのではないだろうか。

また、二人は何れも大学にあっては水産学の学舎に身を置いていた。そんな佐々木と瀧が日本において主要な水産物であるタコを研究の対象とするのは、自然なことであり、必然とも言える。安定してタコを漁獲するには、そして、養殖するには、まずはタコの生物としての特性を理解する必要がある。水産学における生物研究の基本的な動機だ。さりとて、出発点はそのようなところにあったにしても、佐々木も瀧もタコに惹かれ、タコに魅せられ、その思いを科学という形で具現化したのではないだろうか。そう考えれば、カジカに魅せられた曾根二郎と一脈通じるところがあるようにも思う。

佐々木望、そして瀧巌が追い求めたタコとはどのような生き物なのだろうか。滑稽なキャラクターの裏に隠された生物としての素顔を、次の章から見ていくことにしよう。

第一章

タコのプロフィール

動物を分類する

生物は体の形やつくりなどから、似た者同士を同じグループにまとめて区分けすることができる。分類である。

動物や植物という名称も大きく生物を分類した区分であり、脊椎動物と無脊椎動物というのは動物を大きく二つに区分したものだ。脊椎動物と無脊椎動物という区分けの中には、さらに細かな区分けがある。例えば、魚類は脊椎動物の中の一つの大きな区分けであり、グループである。

分類を専門に扱う分野を分類学という。前章で紹介した佐々木望博士や瀧巌博士が取り組んだ学問分野だ。分類学でいうと、タコは軟体動物門《なんたいどうぶつもん》というグループに所属している。ここで「門」というのは分類学の単位で、とても大きなカテゴリーだ。つまり、異なる門に所属する動物同士は見た目が随分と違うということになる。

軟体動物門に冠せられている軟体動物とは、読んで字の如《ごと》し、身体が柔らかい動物たちである。代表的な軟体動物といえば貝だ。貝というと硬いイメージがあるかもしれないが、硬いのは貝殻の部分であり、殻の中にある本体は柔らかい。私たち日本人は、その柔らかいところを好んで食べている。タコの本体も同じく柔らかい。なるほど、タコはまさしく軟体動物と言える。

動物の分類で、門は大きなカテゴリーだが、最も下の階層にあるカテゴリー、つまりそれ以上は区分できないカテゴリーが「種《しゅ》」である。例えば、私たちヒトは「ヒト」という種で、正式にはホモ・サピエンス（*Homo sapiens*）という名称がある。ここでホモ（*Homo*）というのは「属《ぞく》」という種の一つ上の階層で、サピエンス（*sapiens*）というのは属の一つ下の階層である種の名前である。つまり、ヒトという動物はホモ属のヒトという種ということになる。

このように、個々の動物を属の名前（属名《ぞくめい》）と種の名前（種小名《しゅしょうめい》）を並べて表記する方法は二命名法《にめいめいほう》と呼ばれ、スウェーデンの博物学者カール・フォン・リンネにより提唱されたものだ。シンプルだがとてもわかりやすい名前のつけ方である。

基本的にはこのやり方で動物の種が特定される。もしも名前がついていない動物が見つかった場合には、新種《しんしゅ》とされ、名前がつけられることになる。地球上にはまだ私たちが見たことのない動物が多くいると見積もられている。

なお、正確には、種よりもさらに下の階層のカテゴリーとして「亜種《あしゅ》」というものがある。ただ、すべての種の下に亜種が必ず区分けされるというわけではない。動物の中には亜種が認められる場合もあるということである。

タコの戸籍調べ

タコは軟体動物門に所属するという話をしたが、門の最下層の構成員は種（または種と亜種）ということになる。動物門には軟体動物門の他にも、ウニなどの棘皮《きょくひ》動物が所属する棘皮動物門、サンゴ（実は動物である）が所属する刺胞動物門《しほうどうぶつもん》など様々なものがある。この中には、抱える構成員が多い動物門も少ない動物門もある。構成員が多い動物門は、その中に多くの種が所属しているので、それだけ繁栄し多様なグループと見ることもできる。喩《たと》えて言えば、子会社を多くもつ○○ホールディングス、あるいは力士を多く抱える大相撲の○○一門などといったところか。

動物の中で最も構成員の種類が多いのは節足動物門《せっそくどうぶつもん》で、百万種を超える種を抱える巨大な動物門である。節足動物門の主な構成員は昆虫だ。昆虫は太古から地球上に存在し、様々な環境に生息している。特に、熱帯域には多種類の昆虫が生息している。アリもチョウもハチも昆虫である。昆虫は私たちの身近にも多くいるので、なるほど巨大な一門であることはうなずける。

では、二番目に構成員が多い動物門は何かというと、軟体動物門である。こちらの構成員は一〇万種を超えると見積もられる。節足動物門に比べると種数は一桁少ないが、それでも動物界全体でみるとこれもまた大きな一門なのだ。タコはこの一門に所属する動物だ。タコが所属する母体は極めてメジャーである。

現在、地球上に生きている生物の種は現生種《げんせいしゅ》と呼ばれる。これに対して、かつて地球上に生きていたが後に絶滅し、今は化石としてしか残っていない生物の種は化石種《かせきしゅ》と呼ばれる。現生種のタコは二五〇種ほどが記載されている。記載というのは、種としての名前があり、形態や分布場所がきちんと記録され、その元となった模式標本《もしきひょうほん》があることを意味している。つまりは、科学的なお墨付きをもらっているものたちである。

二五〇種のタコが全世界の海洋に分布している。単一の種がどこにでもいるというわけではなく、あるものは温帯の海、別のあるものは熱帯の海、そしてさらに別のあるものは寒帯の海に生息している。また、浅い場所に暮らしているもの、深い場所に暮らしているものなど様々である。生物学的に言えば、タコは海洋の様々な環境に適応した動物ということができる。

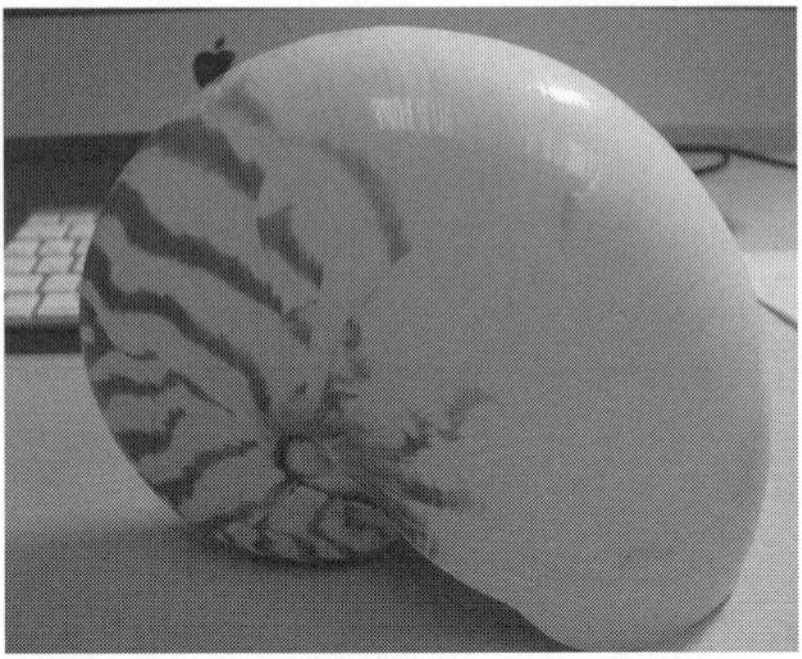

図1-1　オウムガイの殻

タコの分類を見ると、軟体動物門の中に二五〇種のタコが雑然と並べられているわけではない。それらは似た者同士がまとめられ、区分けされている。

まず、タコは近い親戚筋のイカ、オウムガイ、そしてアンモナイトと一緒に頭足綱《とうそくこう》というグループに所属している。「綱」は門より下のカテゴリーで、正式には軟体動物門頭足綱である。一般には頭足類《とうそくるい》と呼ばれる。「類」とは便利な言葉で、何らかの階層に対して総称として付される言葉である。魚類、鳥類などもそうで、タコ類、イカ類などもそうである。

頭足類のうち、タコとイカは近縁の仲間というイメージは衆目が認めるところだと思うが、殻をもつオウムガイもタコとイカの仲間である。貝殻が土産物屋で売られていることがあるオウムガイは、生きた化石と呼ばれる（図1-1）。太古から姿形が変わっていないのでこう呼ばれる。シーラカンスと同じである。

もう一つの親戚、アンモナイトは既に絶滅して化石しかない（図1-2）。しかも、化石は殻の部分しかなく、その中に収められていた軟体部、つまり貝で言えば身の部分は未《いま》だに発見されていない。おそらく、アンモナイトの軟体部はタコやイカによく似た出で立ちであったと考えられている。

ここまで述べたことをまとめると、頭足類はタコ、イカ、オウムガイ、アンモナイトから構成される。このうちアンモナイトは絶滅しているので、現生種はタコとイカとオウムガイである。このうち種数で見ると、タコとイカが圧倒的多数を占める。

図1－2　アンモナイトの化石（北海道大学の伊庭靖弘博士からの寄贈）

タコとイカは二鰓亜綱《にさいあこう》（または鞘形亜綱《しょうけいあこう》）というグループを作っている。「亜綱」は綱の一つ下の階層である。オウムガイとアンモナイトは四鰓亜綱《しさいあこう》というグループである。二鰓、四鰓というネーミングは鰓《えら》の数に起因する。イカとタコの鰓は左右に一対、つまり二個であるのに対し、オウムガイは左右に二対、つまり四個の鰓がある。ここでいう鰓というのは、鰓軸《さいじく》に鰓葉《さいよう》がたくさんついた構造の鰓のことで、木で喩えれば枝が鰓軸で葉が鰓葉である。二鰓亜綱ではこれが二個、四鰓亜綱では四個あるというわけだ。

現生の二鰓亜綱はおおよそ七〇〇種、このうちタコが二五〇種なのでイカは残りの四五〇種ほどということになる。前章で述べたように、タコとイカでは漁獲量はイカが多いが、そもそも種数が倍近く違うのだ。

鞘形亜綱のうち、タコと呼ばれる面々は八腕目《はちわんもく》（または八腕形目《はちわんけいもく》）というグループに入っている（口絵①）。「目」というのは綱の一つ下の階層である。イカは十腕形上目《じゅうわんけいじょうもく》である。このネーミングは両者の腕の数に起因する。

タコは八本の腕をもち、イカは十本の腕をもつ。「タコハチ、イカジュウ」である。イカが上目でタコはただの目か？　と思われた方は、分類学のセンスに長《た》けている。詳しく述べると、十腕形上目と対をなす八腕形上目というカテゴリーがあり、これは八腕目とコウモリダコ目から構成されている。

コウモリダコは「地獄の吸血イカ」などという、本人にとっては迷惑な異名をもつが、血を吸ったりはしない。コウモリダコは深海性の頭足類で、八本の腕と二本の細いフィラメントという鞭のような構造をもつ。フィラメントを腕と数えればイカだし、数えなければタコとなる。それでどちらつかずとなり、コウモリダコ目という独立したカテゴリーを与えられている。コウモリダコ目にはコウモリダコ属コウモリダコという一属一種がいるだけである。つまり、この一種類のために目と属という階層が設定されている。

改めて見ると、八腕形上目の構成員のうち、八腕目（または八腕形目）に所属する面々がタコということになる。

さて、タコが所属する八腕目は、有鰭亜目《ゆうきあもく》（または有触毛亜目《ゆうしょくもうあもく》）と無鰭亜目《むきあもく》（または無《む》触毛亜目《しょくもうあもく》）に区分される。前者は鰭《ひれ》があるタコ、後者は鰭がないタコである。タコで鰭と言われてもピンとこないが、親戚筋のイカで見てみると、胴体の先端部にある三角形のヒラヒラ、あるいは胴体の側面に沿ってついているヒラヒラが鰭である。タコで同じものを探しても見当たらない。

私たちが食べ、親しんでいるタコの多くは鰭がない無鰭亜目に所属している。なるほど、彼らの体はつるりとしている（口絵①）。なお、無鰭亜目の中にはカイダコのように、殻をもつタコも含まれる（口絵②）。殻があるのはアンモナイトとオウムガイと思いきや、この辺がややこしいところではある。

さて、次は有鰭亜目。鰭のあるタコなどいるのかと思われるかもしれないが、いる。メ

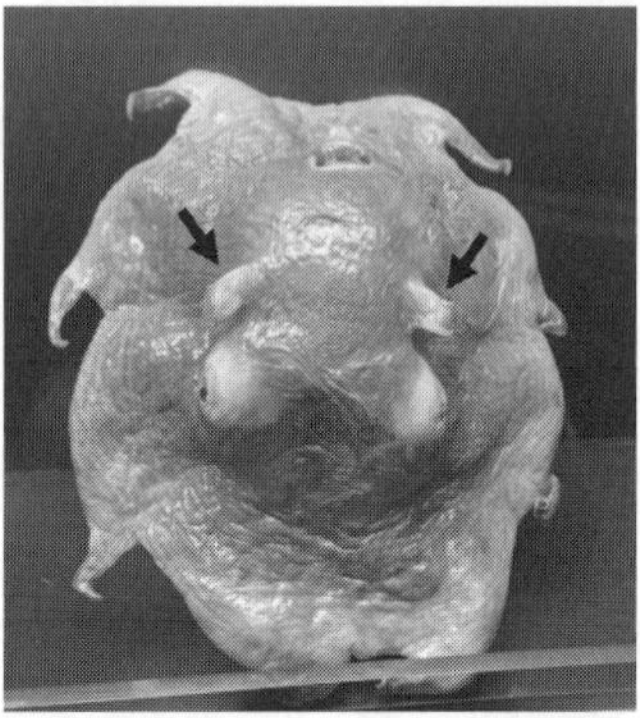

図1－3　メンダコ。写真は沼津港深海水族館で飼育された個体の標本。一対の鰭がある（矢印）（撮影　池田純氏）

ンダコと呼ばれる深海性のタコがそうである（図1－3）。食用ではないので、普段目にすることはまずないタコだ。日本の昭和三〇年代を描いた西岸良《さいがんりょう》平《へい》氏の漫画『三丁目の夕日』。この中で、少年たちが回している鉄製の小さなコマがベーゴマであるが、メンダコはまさにこのベーゴマにそっくりな形をしている。正確には、ベーゴマをひっくり返した出で立ちである。

　メンダコのどこが有鰭亜目かというと、平たい胴体の先端に、カバの耳のような小さな鰭が左右に一対ついている。メンダコは静岡県の沼津港深海水族館で展示されており、一部の水族館マニアの間では知られたタコである。

　私はまだ生きたメンダコを見たことがないが、死亡個体を解剖したことはある。タコと言っても、体全体はゼラチン質で、一対の鰭のところだけが筋肉質である。この解剖標本のもととなったメンダコは、水産研究所に勤務している大学院時代の後輩が東北沖で採集したもので、それを送ってもらった。当の後輩氏によれば、調査航海でこのメンダコが採集されるものの、研究には必要ないのでフリスビーのように飛ばして海にリリースしているという話であった。それなら、ということで標本として送ってもらったわけである。

ちなみに、前述したコウモリダコにも鰭があり、メンダコに似ていると見ることもできる。コウモリダコも普段、私たちが目にすることはない。

タコと呼ばれる八腕目に戻る。現生種の八腕目二五〇種のうち、四〇種ほどが有鰭亜目で、残りは無鰭亜目である。つまり、タコの八割以上は無鰭亜目の仲間たちで、それはマダコやミズダコなど私たちがよく目にするタコたちである。

タコの戸籍をまとめると、鰭があるグループとないグループに大別され、ほとんどは鰭のないグループのタコから現生種は構成されているというところに落ち着く。

タコの設計図

動物の分類では、まずは姿形の特徴が指標となる。似た形を同じカテゴリーに入れるのである。実際に、タコの分類では腕の数や鰭の有無が指標とされている。身体のつくりは生物学では重要な要素である。

タコがどのような身体のつくりをしているか見てみよう。

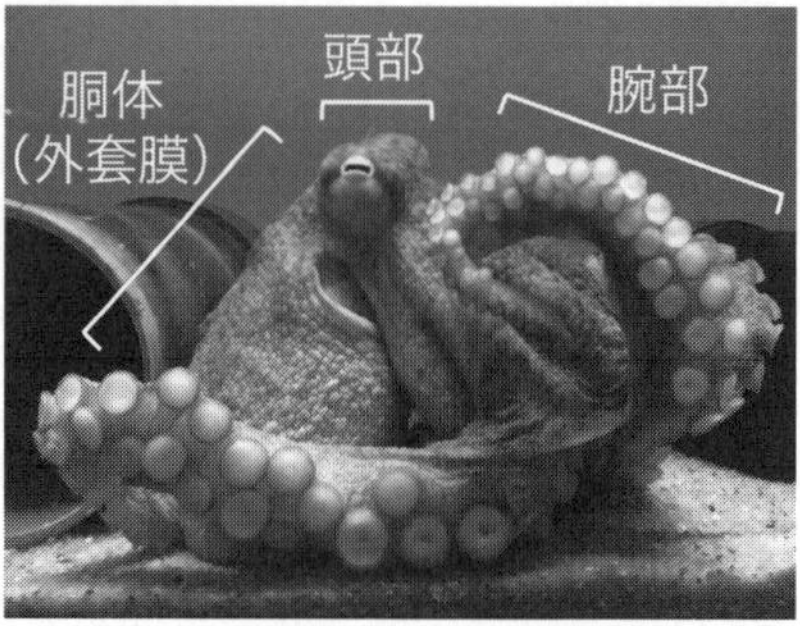

図1－4　タコの体の部位（写真はマダコ。撮影　川島菫氏）

まず、身体は胴体、頭部、腕部の三つから構成されている（図1－4）。

胴体は漫画であたかも頭のように描かれるが、実は外套膜《がいとうまく》という名称をもち、れっきとした胴体である。外套膜の外套は寒い季節に着るコートのことで、内臓にクルリと纏《まと》った外套ということになる。膜とは言っても、外套膜は筋肉組織でできており、厚みもある。外套膜の内側には消化器や生殖器、鰓などの内臓が収められている。

外套膜に続く部位が頭部である。左右一対の眼がついているところだ。身体全体からすると頭部は決して大きくはないので、私たちヒトの頭部のようなイメージはもちにくいが、タコにとってはれっきとした頭（と顔）に相当する部分である。頭部には立派なレンズ眼、そして大きな脳、口がある。なお、立派なレンズ眼をもつことと矛盾するようだが、タコは色が見えておらず、色覚を欠いた動物であることが知られている。このことについては、レンズ眼と脳について詳しく述べる後の章で改めて触れることとしたい。

漫画でタコの口はホースのように描かれている。しかし、これは漏斗《ろうと》という器官で、墨を吐いたり、海水を吐き出したり、排泄物を出したり、あるいは成熟したメスが卵を放出したりするところである。本当の口は八本の腕の付け根にあり、タコが腕を反り返した時に黒く見える部分である（図1－5、1－6）。黒く見える部分は、口を構成する嘴《くちばし》で、鳥の嘴とよく似たものだ。嘴なので二つの顎《あご》が合わさっているが、片方がカラスの嘴に、もう片方がトンビの嘴に似ていることから「カラストンビ」と呼称される。

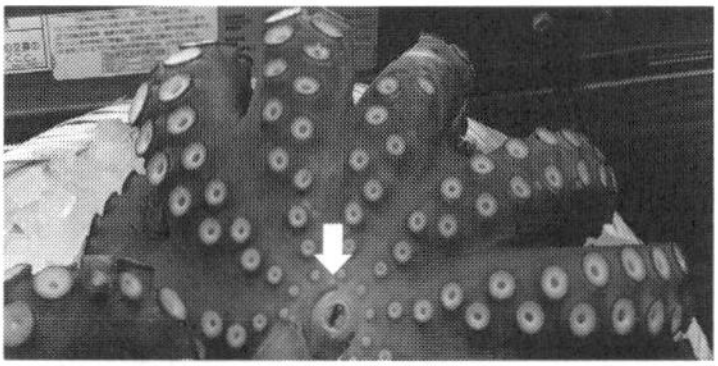
図1－5　タコの口（矢印）

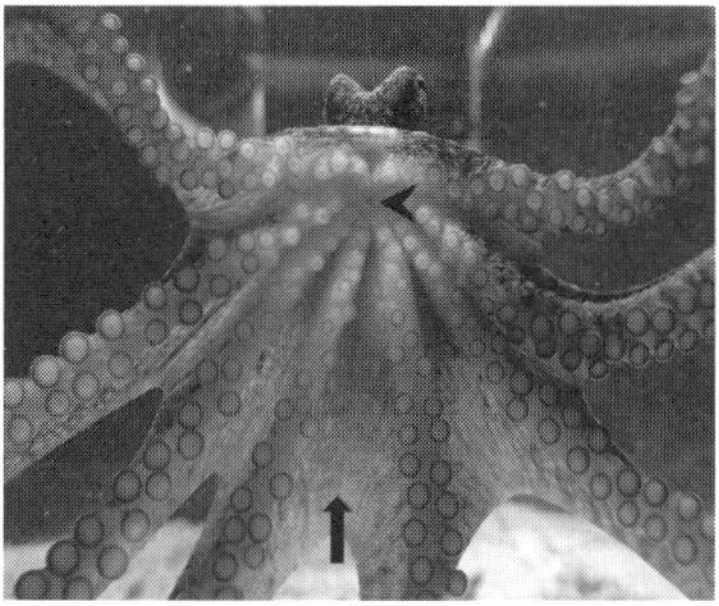
図1－6　タコの傘膜（矢印）と口（矢頭）
（撮影　川島菫氏）

嘴とは言っても、鳥の嘴のような骨格ではなく、カラストンビはキチンという多糖類からつくられている。カラストンビはボールのような形をした筋肉の塊に取り囲

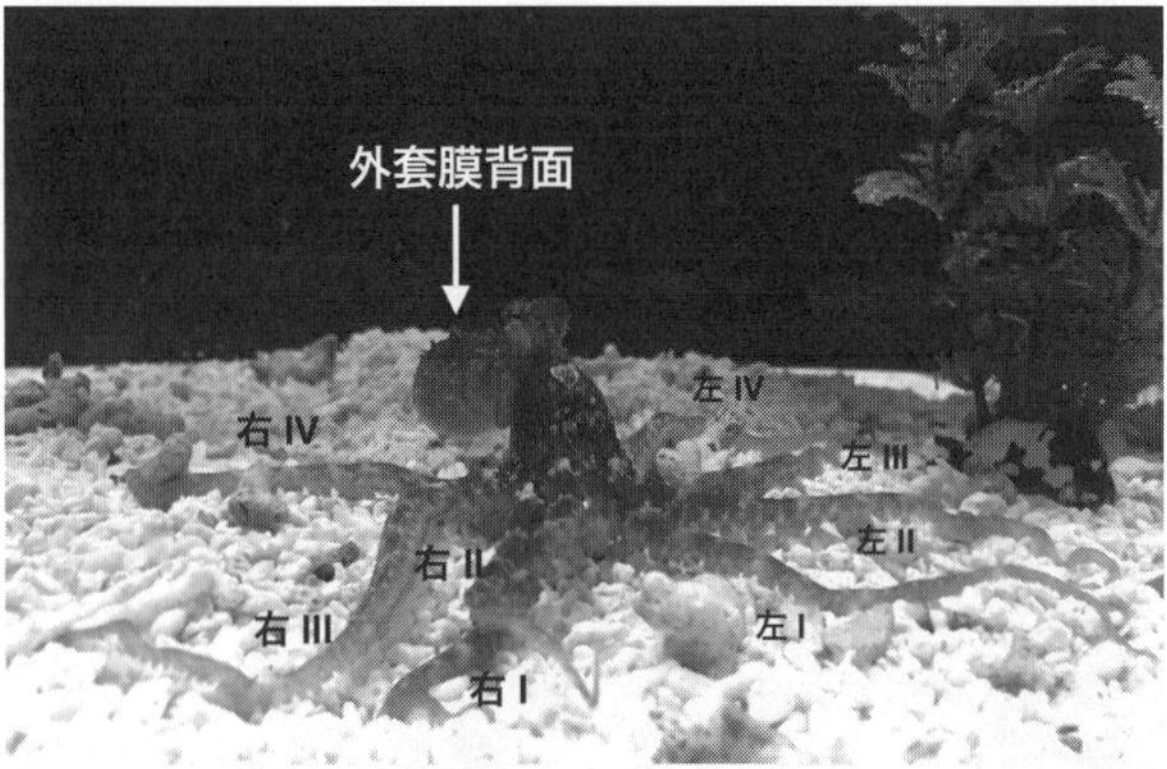

図1-7　タコの腕の配置（撮影　川島菫氏）

まれており、この筋肉とカラストンビを合わせて口球《こうきゅう》という。口球はイカでも同じ構造をしている。ちなみに、日本ではイカとタコの口球は珍味として売られている。

頭部に続くのは腕部で、数は八本である。腕は外套膜の背中側、つまりは漏斗が付いている腹側と反対側から見て、左右対称に四本ずつついている（図1-7）。背中側から見て左側の腕には、順に左第一腕、左第二腕、左第三腕、左第四腕と名前がつけられている。同じく右側の腕は右第一腕、右第二腕と順番に名前がついている。このようなネーミングは大切で、個々の腕の長さを測ったり、それぞれを比べたりして、それをタコの特徴として記載する。例えば、採集したタコの腕が途中で切れてなくなっていたら、「右第二腕が先端部から欠損」といった具合に記録する。

腕の付け根側の腕と腕の間にある膜は、傘膜《さんまく》という（図1－6）。タコはときに八本の腕を広げて獲物を包み込むように捕まえるが、傘膜はそのような捕食の際に獲物を腕の隙間から逃さないネットの役割を演じている。獲物は腕と傘膜に包まれ、その奥には嘴に似た口があるというわけだ。ネットに喩えたが、傘膜は網の目のように隙間はないので、ネットよりさらに緻密な優れものである。

八本の腕一本一本には吸盤がついている（図1－8）。吸盤は中央にドーム状の空間が空いた構造で、ものに吸着する。その吸着力は凄まじく、餌の貝殻を開ける力がある。なお、イカの腕にも吸盤があるが、こちらはよく見るとギザギザのリングが一つ一つの吸盤の縁についている。これは角質環《かくしつかん》と呼ばれるもので、ものを引っ掛ける機能をもつ（図1－9）。吸盤とは言っても、イカの吸盤は角質環により獲物を引っ掛けるので

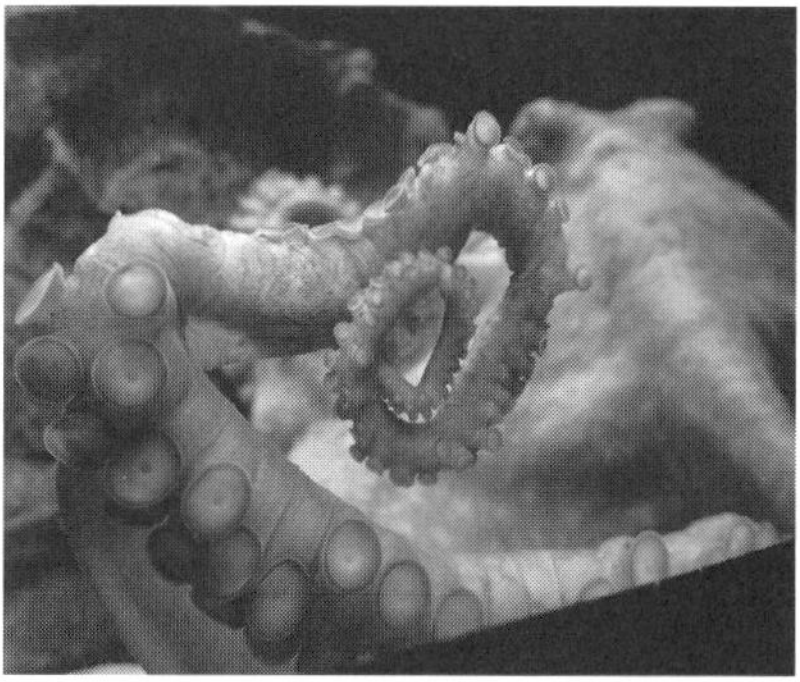

図1－8　タコの腕と吸盤（撮影　網田全氏）

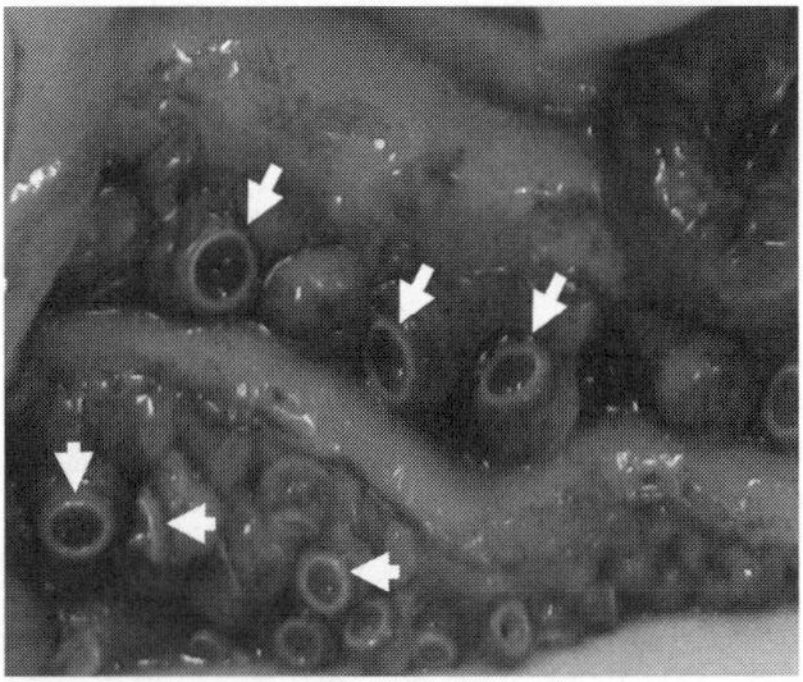

図1－9　イカの吸盤と角質環（矢印）

ある。これに対して、タコの吸盤は文字通りものに吸着する。獲物を強い吸着力で吸い付けて離さないのである。

このように同じ頭足類でも、よく見るとタコとイカは腕の本数だけではなく、腕の細部の構造も違っているのだ。両者の違いはこう考えるとわかりやすい。イカは概して水中を泳ぐのに対し、タコは海底を這って移動する。もしもタコの吸盤にイカのような角質環があったら、海底に引っかかって都合が悪い。タコは吸盤の一つ一つをコントロールできるので、吸着力だけ加減すれば海底に吸い付いて腕が離れなくなるなどという不都合は生じない。角質環の有無はタコとイカの暮らしぶりを反映していると言える。

八本の腕についている吸盤は縦方向に二列に並んでいる（図1－5、1－6）。稀《まれ》に一列に並んだ種もいる。例えば、イチレツダコというタコがそうである。このタコは日本近海にはいない種で、英国周辺、地中海といった場所に暮らしている。先に紹介したメンダコも吸盤が一列に並んだタコである。

オスのタコについてみると、性的に成熟したとき、つまりは精子形成が盛んに行なわれているとき、一本の腕の先端が他の腕とは異なり吸盤の形が変わっている。このような腕を交接腕《こうせつわん》という（図1-10）。交接とは、他の動物でいうところの交尾と同じ意味合いだが、タコとイカの場合は少し事情が違っている。

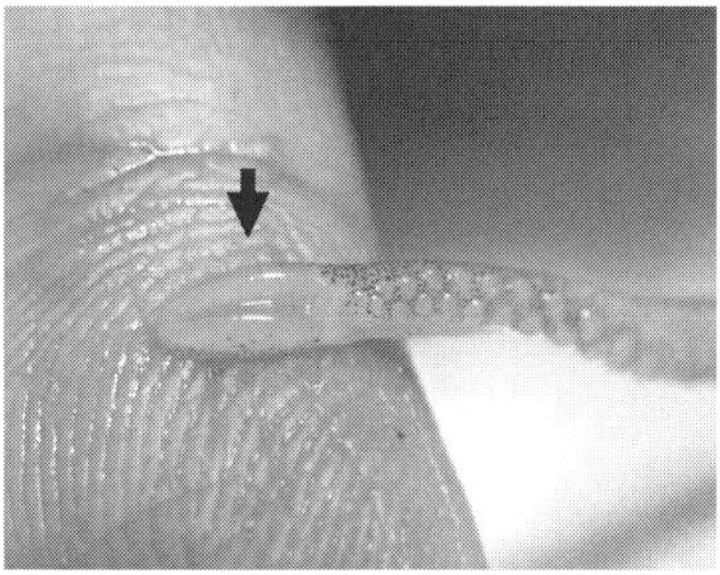

図1-10　タコの交接腕。矢印は腕先端の変形した部位

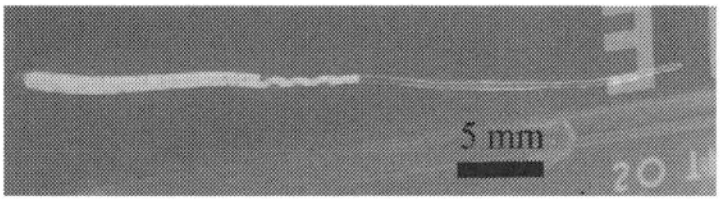

図1-11　タコの精包。白い部分は精子塊

タコのオスは精子をつくる点は他の動物と同じだが、それを液状の精液としてメスに注入するわけではなく、精子が多数詰まったカプセルをつくり、それをメスに渡すのだ。このカプセルを精包《せいほう》（または精莢《せいきょう》）という（図1-11）。さらに、タコのオスは生殖器をメスの生殖器に挿入して精包を渡すわけではない。一本の交接腕をメスの外套膜に挿入し、その腕を通じて精包をメスに渡すのだ（口絵③）。こうした生殖様式を

とることから、交尾ではなく交接という語が用いられている。これはイカも同じである。

タコの中には交接腕が異様に巨大化して目立つものもいる。腕の先に大きなグローブがついているような交接腕である。これは、自分よりも前に交接したオスの精子をメスから搔き出すためのものと考えられている。当のオスにしてみれば、他のオスの精子がメスの体に残っていては具合が悪い。自分の精子だけが受精し、子どもを残したいからである。そのため、邪魔な他のオスの精子をメスから搔き出してしまうというわけだ。このようなことが起こるのは、一尾のメスに対して複数のオスが交接を仕掛けているからである。オスはなんとか自分の精子を残したい。メスにしてみれば、できるだけ強く良質なオスの精子を受け取りたい。その方が丈夫な子が生まれてくるからである。動物行動学では雌雄の駆け引きをこのように考える。実際にタコがそのように考えているか、願っているかはわからないが、オスとメスの行動をこういう観点から眺めると合点がいくことが多い。これはタコに限る話ではなく、他の動物でも同様に当てはめられる考え方である。

タコの体色

タコの身体で特筆すべき点は、その体色パターンである。

タコというと赤いイメージがあるかもしれないが、よく見ると決して一様な体の色ではない。斑《まだ》らであったり、細かな点が見られたり、太い縞が見られることもある。全体が白味を帯びていることや、赤味を帯びていることもある。これらはタコの種類の違いや、同じ種類のタコでも個体ごとの違いということではない。実は、同一の個体が多様で多彩な体色パターンを表出するのだ。しかも、瞬時に別の体色パターンを出すことができる。タコは色彩の使い手である（口絵④）。

タコに見るダイナミックな体色パターンは、実はタコの体の表面、表皮に秘密がある。ここには、色素胞《しきそほう》という体色を創り出す細胞が分布している（図1－12）。色素胞は読んで字の如しで、色素を入れた胞（袋）である。

色素胞には色素顆粒《しきそかりゅう》という極小の色の粒が詰まっている。例えば、赤い顆粒、黄色い顆粒といった具合だ。このような顆粒が詰まった袋の周囲には筋肉細胞が連結している。これら筋肉細胞は収縮と弛緩《しかん》、つまりは伸び縮みを行なう細胞である。

色素胞に連結した筋肉細胞が収縮すると色素胞が四方に引き延ばされる（図1－12左上）。そうすると、中の色素顆粒も四方八方へと広がり、赤や黄の大きな丸になる（図1－12右上）。反対に、筋肉細胞が弛緩すると、色素胞は小さくなり、赤や黄の丸も小さくなる（図

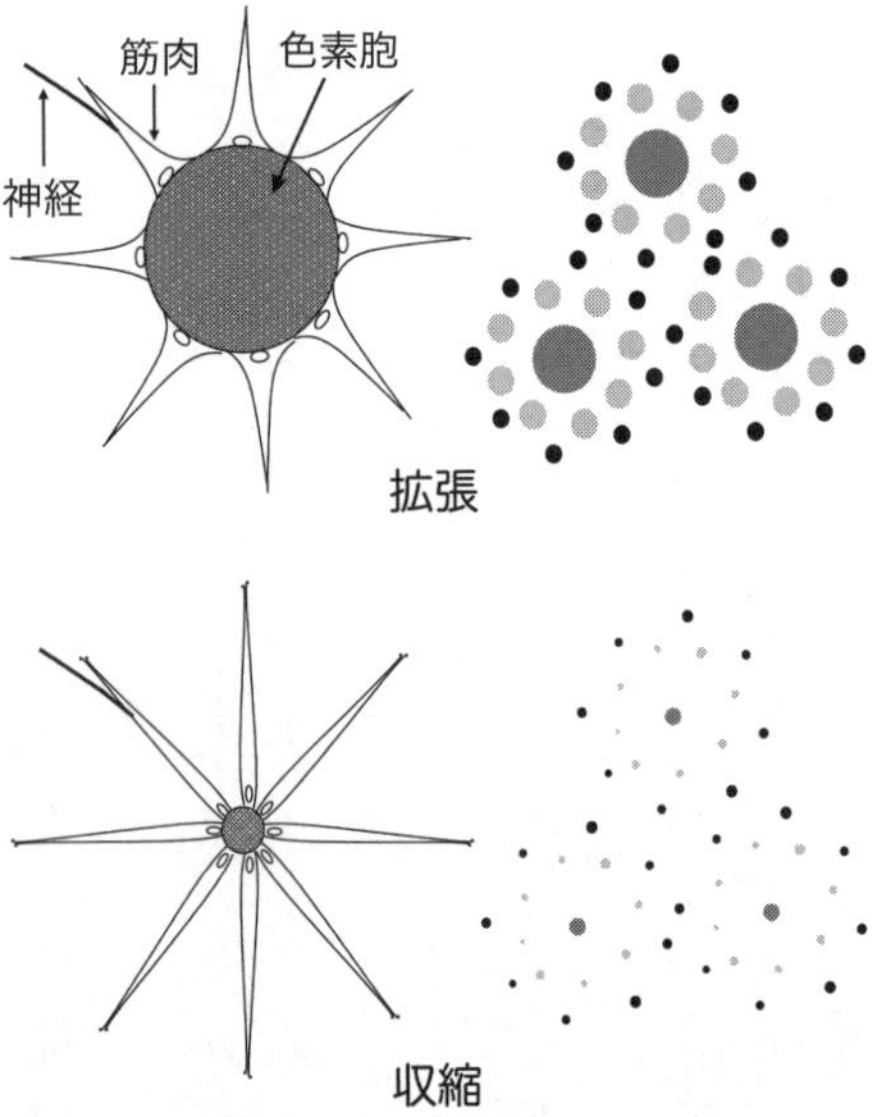

図1－12　色素胞の模式図。色素胞が拡張すると（左上）体色が濃くなる（右上）が、色素胞が収縮すると（左下）体色が薄くなる（右下）。色素胞はユニット構造を作っている（右）

1－12左下、右下）。色素胞が大きくなったり小さくなったりすることで、その中に含まれている顆粒の色が見えたり見えなくなったりする。このような色素胞が体表に無数に分布しているので、いわばタコは色素胞というネオンサインを纏っているようなものである。

色素胞に連結した筋肉細胞には、神経細胞が連結している（図1－12左上、左下）。神経細胞は情報を伝達する細胞だが、神経細胞から筋肉細胞へ指令が届くと筋肉細胞は収縮したり弛緩したりする。神経細胞の情報伝達の速度は極めて高速である。

例えば、音楽を聴いたり、人と会話したりするときを考えると、曲や人の声は随時私たちの耳に入ってくる。これは、音が耳から入り、その音情報を神経細胞が脳に伝達し、そこで音という感覚として知覚されるというプロセスである。神経細胞は高速で音情報を伝達するので、私たちはタイムラグを感じることなく音楽や会話を楽しむことができるのだ。色素胞も同じで、神経細胞の支配を受けているので瞬時に大きくなったり、小さくなったりする。つまりは、体色パターンを瞬間的に変えることができるというわけである。

個々の色素胞は表皮の中でランダムに配置されているわけではない。茶色の色素胞を取り囲むように赤色の色素胞が、そしてその間を埋めるように黒色の色素胞が、というように、規則正しく配置されている。これをユニット構造という（図1－12右上、右下）。ユニットは色素胞の配置の単位と言える。色素胞のユニットが体表に並んでいるので、綺麗《きれい》な体色パターンを出すことができるのだ。

タコの体色をつくり出す装置は色素胞だけではない。虹色素胞《にじしきそほう》、白色素胞《しろしきそほう》という名の反射細胞《はんしゃさいぼう》も体色に彩りを添える装置である。

反射細胞は色素胞とは異なり、中に顆粒が詰まった細胞ではなく、鏡のような反射板《はんしゃばん》、あるいは反射球《はんしゃきゅう》が並んだ細胞である。これらが光を反射し、体表面にキラキラした光沢

（口絵⑤）や、艶のない純白を創り出す（口絵④二段目）。表皮を鉛直方向に見ると、反射細胞は色素胞より下の層に位置している。上の層にある色素胞が大きくなっているときには、それがフィルターの役目を果たし、下の反射細胞の色合いを微妙に変える。つまり、色素胞と反射細胞があることで、タコの体色はより複雑なものとなる。色素胞と同じく、反射細胞も神経細胞によりコントロールされていることが最近の研究で解明された。

体色パターンはタコに限る話ではなく、他の動物にも個々に独特の体色パターンがある。しかし、多くの場合、それらは固定されており変わったりしない。

中には体色パターンを変える動物もいる。例えば、私が卒論で研究したグッピー。彼らも明るい色合いになったり、暗い色合いになったりする。これは鱗《うろこ》にある色素細胞《しきそさいぼう》の働きによっている。原理はタコの色素胞と同じだが、魚類の色素細胞は楓《かえで》の葉のような形をしており、その形が変わることがない。色素細胞の中にある色素顆粒が拡散、または凝集することで色が出る。

魚類の色素顆粒の動きをコントロールしているのはメラトニンというホルモンである。そのため、タコの色素胞のコントロールを神経調節というのに対して、魚類の色素細胞のコントロールは液性調節という。液性調節は神経調節に比べて速度が遅い。そのため、グッピーの体色は瞬時には変わらないのだ。

多様な体色パターンはイカでも同様である。タコとイカの体色変化速度は動物界ナンバーワンであり、マスター・オブ・カモフラージュ（隠蔽《いんぺい》の達人）の異名をもつ。

色だけではなく、タコは体表の凹凸も変えることができる（口絵⑥）。細かなトゲトゲが出たりなくなったりする。これは表皮を突出させているのだが、ここにも神経細胞が働いている。

このようなタコの体表の色彩、凹凸によって醸し出されるパターンはボディパターンと呼ばれる。正確には、色彩と凹凸だけではなく、それを出しているときのタコの姿勢、そして動きも合わせてボディパターンという。ボディパターンはイカにも見られるもので、タコとイカの際立った特徴である。

タコとイカはボディパターンを何に使っているのか。先ほどの異名「隠蔽の達人」からもわかる通り、一つはカモフラージュである。周囲に自身の姿を溶け込ませる防衛行動だ。他の多くの動物にもカモフラージュは見られるが、それらは固定されたもので、特定の何かにだけ化けることができる。例えば、バッタは緑の草にカモフラージュするが、他のものにカモフラージュはできない。その点、タコやイカは色々なものにカモフラージュできる。

特に、タコのカモフラージュは秀逸である。岩肌、海藻、時には他の生き物にカモフラージュする。擬態したタコは私たちヒトの目を通しても見破ることが難しい（口絵⑦）。

ミミックオクトパスという熱帯海域に暮らすタコは、ミノカサゴ、ウシノシタ、ウミヘビといった脊椎動物に見事にカモフラージュする。姿形だけではなく、その動きも見事に似せることができる。カモフラージュの対象となったミノカサゴ、ウシノシタ、ウミヘビはモデル種と呼ばれるが、どれも毒をもつ危険生物である。ミミックオクトパスは危険生物に化けることで、周囲に自分を危険だと思わせ、狙われないようにしていると考えられる。このように、自分は毒をもっていないが、毒をもつ危険生物に擬態することをベーツ型擬態という。要は嘘をついているのである。ミミックオクトパスがすごいのは、複数のモデル種に化けることができる点だ。パッとミノカサゴになり、次にはパッとウミヘビになる。魔法と言っても良いだろう。

ボディパターンのもう一つの用途として考えられるのは、コミュニケーションである。私たちヒトは主に言葉でコミュニケーションをするが、コミュニケーションの方法は動物によって様々である。言葉とまでは言えないが、音声を使ってコミュニケーションを行なう動物もいる。例えば鳥がそうである。匂いによりコミュニケーションをとる動物もいる。昆虫にはその例を多く見ることができる。

タコはどうかというと音声ではない。口はあるが発声ができないのだ。そこで、色彩をベースとしたボディパターンでコミュニケーションをとる。様々なパターンは何らかのシグナルとして機能するというわけである。ただ、タコがボディパターンを使って実際にどのようなコミュニケーションをどのように取っているのかは、実はよくわかっていない。この点は私も長く関心をもっているテーマだ。このことには後の章で触れることになろう。

タコの生涯

人の世では高齢化という言葉が聞かれるようになって久しい。高齢世代の増加は、若年層の減少、つまりは子どもの数が減っていることと対比させることができるが、昔と比べてヒトの寿命が延びていることも映し出している。

本能寺の変で斃《たお》れた織田信長は「人間五〇年、下天のうちを較ぶれば」と謡い、舞った。天界の時の流れに比べれば儚いとはいえ今は一〇〇歳という年齢も決して珍しくはない。世界的な長寿国である日本では、齢《よわい》九〇を超えてなお矍鑠《かくしゃく》という方は多くおられる。

動物の生きる時間は種により違っている。私たちヒトは相対的に寿命が長いと言って良いだろう。勿論、現代のヒトに見る寿命は医療の進歩によるところも大きいだろう。目を他の動物に転じれば、ヒトと同じ哺乳類でもイヌやネコは何十年も生きない。彼らをペットとして飼う人は多いが、死別はとても悲しいと多くの飼い主が異口同音に言う。ヒトより寿命が短いのだ。とはいえ、イヌやネコは一〇年以上生きるものも多い。目を水の中に転じれば、魚類の中にも一〇年以上生きるものがいる。中には数十年の寿命が見積もられているものもいる。

タコはどのくらい生きるのだろうか。たこ焼きの具になるマダコを見ると、まずまずの体の大きさからして十年くらいは生きるかなと見積もりたくなるが、実は一年程度、長くても二年を少し超える程度である。世界最大サイズのタコ、ミズダコ（口絵⑧）だともう少し長く生きるようだが、数十年というわけではない。タコは総じて短寿命の動物なのだ。

これはイカも同じで、日本人が最もよく食べているスルメイカはわずか一年の寿命である。そのため単年性と呼ばれる。タコとイカ、つまり頭足類は短い生涯の動物として知られる。その生き様はLive fast die youngと英語では表現される。意訳すれば「生き急ぐ」とでも言おうか。

昔、ジェームズ・ディーンというハリウッドスターがいた。映画『エデンの東』で主役を演じた人である。私はリアルタイムでジェームズ・ディーンを知る世代ではないが、彼は今でいうイケメンである。いや、単なるルックスだけではなく、その内から滲《にじ》み出る哀愁が独特の美しさとなっている人だ。当時、大人気であったという。この格好いい俳優は、自動車事故により二四歳という若さでこの世を去った。こういう背景から、ジェームズ・ディーンは生き急いだ若者の象徴のような存在となった。

生き急ぐという点だけを見れば、タコの生き様はジェームズ・ディーンのようだと言える。同じことはイカにも言える。いや、グニャリとしたタコよりは、シュッとしたイカの方がジェームズ・ディーンの喩えによく合うと言うべきか。それではタコに失礼か。いやはや、そもそも当のジェームズが当惑するだろうか。

これから本書で多く語ることになる発達した知性をもつタコは、しかし、それとは裏腹に短い生涯しかもたない。知性があるなら、長く生きるように思うのだが、それがそうではない。実は、この点こそがタコの抱えるパラドックスで、研究者たちを長年にわたり悩ませている難問でもある。なぜタコは生き急ぐのか?である。

タコの短い生涯を概観すると、実は取り立てて他の生き物と違っているというわけではない。まず、タコは卵から孵化《ふか》する。タコの卵はやや細長い形をしており、その端から糸が伸びている。変形した風船のような感じだ。産卵したメス親はこのような卵を器用に紡ぎ、卵塊をつくる。タコの卵塊は見た目が藤の花に似ることから、海藤花《かいとうげ》と呼ばれる（口絵⑨）。海の藤の花とは美しいネーミングだ。

海藤花は岩棚などに産み付けられ、メス親は水を吹きかけたり、表面のゴミを取ったりと、せっせと卵の世話をする。これは胚発生《はいはっせい》の間を通して続き、卵から赤ちゃんダコが孵化するのを見届けるようにメス親はこの世を去る。次の年まで生きて、再び産卵するということはない。

つまり、タコは繁殖したら最後、それで死亡するのである。これはイカも同じだ。ただ、一部の例外を除いてイカは産卵したら死亡し、卵の世話はしない。厳密に言えば、タコには胚発生の間だけ親子がともに過ごす時間があることになる。これは一般的に言うところの保育とは異なるが、子育ての起源は案外、タコにあるのかもしれない。

孵化したタコの赤ちゃんは、最初からタコの形をしている（口絵⑩）。タコが所属する無脊椎動物の仲間は、生まれた時には親と姿形が違うものが多い。例えば、貝である。彼らは最初から殻を被った貝としては生まれてこない。全く見てくれの違うトロコフォア幼生として生まれる。その後、幾つかの幼生の段階を経て、大人の貝と似た形の稚貝《ちがい》となる。このように、成長に伴い動物の姿形が変わる現象を変態《へんたい》という。無脊椎動物の中には変態するものが多いが、タコは変態をしない。

　また、タコといえば海底を這っているイメージがある。しかし、生まれてすぐのタコの赤ちゃんは海底を這うのではなく、水の中を浮遊する。つまり、プランクトンとして生きるのである。この時期は浮《ふ》遊期《ゆうき》と呼ばれる。タコの種類によっても異なるが、浮遊し、その後は海底に降り立つ（口絵⑪）。これは着底《ちゃくてい》と呼ばれる現象で、先ほどの貝の幼生でも見られる。トロコフォア幼生など貝の幼生は水の中を浮遊し、稚貝となってから海底に着底する。底生生活に移行するのである。

　着底してからのタコの生活は、実はあまりよくわかっていない。その後一年近くかけて成長し、性的に成熟して大人になる。つまり、オスは精子を、メスは卵子をつくる。そして、雌雄が交接してメスがオスから精子を受け取る（口絵③、⑥）。その後、産卵が起こるというわけだ。

　正確な時間経過は必ずしも明瞭に追跡されていないが、性成熟、交接、産卵という繁殖のプロセスは、生涯の最後に位置し、おそらく早い時間経過で進むと考えられている。この辺りに、タコのLive fast die youngという特徴が感じられる。

もっとも、生涯の長短は多分に私たちの感覚によっている。一〇〇年にも及ぶ寿命をもつ私たちから見れば、一年や二年といった生涯はいかにも短い。しかし、当のタコにしてみれば、その生涯の中で成長し、繁殖し、しっかりと次世代を残している。そのような営みを累々と行ない、今も絶滅せずに生を繋いでいる。遺伝子を残していくという考えに立てば、これもまたうまく適応した生き方と言える。タコに尋ねてみれば「いや、我々の生涯が短いのではなく、ヒトの生涯が長いのだよ」と一本の腕を左右に振って答えるかもしれない。

なお、タコの中には海底を這わずに生きるものもいる。ムラサキダコというタコは、海の中を泳ぐ遊泳性のタコである。腕と腕の間にある傘膜が発達して、それを悠然と振りながら泳ぐ。その様は、一九七〇年代末の大ヒット曲『魅せられて』を唄う、ひらひらのステージ衣装を纏ったジュディ・オングのように幻想的である（勿論、この曲にタコというコンセプトはない）。

ムラサキダコは産卵も泳ぎながら行なうようで、生み出した卵塊を八本の腕の中に抱えて世話をする。これと似た産卵様式は、テカギイカという深海に暮らすイカにも見られる。

このイカは大型のイカで、アドバルーンのような卵塊を一〇本の腕で抱え、孵化まで世話をする。その映像は、米国のモントレー湾水族館研究所のメンバーにより映像に収められ、『ネイチャー』誌に発表された。二〇〇五年のことである。前に、イカでは一部の例外を除いて産卵後に死亡すると述べたが、一部の例外とはこのテカギイカのことである。タコと同じように卵の世話をするイカである。

ただし、テカギイカはタコと同じようにとは言っても、卵塊を腕の中に抱え、泳ぎながら世話をするという、タコの中でもユニークなムラサキダコと似たスタイルで卵の世話をする。

タコの生涯についてわかっているのは、実は主に繁殖期である。

海藤花という美しい卵の塊を生み出し、それを健気《けなげ》に世話する姿、卵から孵化する赤ちゃんダコの様子は古くから知られている。しかし、孵化した赤ちゃんダコがその後どこへ行くのか、浮遊生活から着底した後、タコの子どもはどこでどのように過ごして成体となるのか。このようなタコの生涯の大半の過程はよくわかっていない。

さらには、繁殖期についてはわかっていると言っても、それはマダコやミズダコなど、ごく限られたタコの種についてのもので、他の多くの種類のタコについては研究例そのものが少ない。深海性のメンダコなどになると、その謎の度合いはさらに大きくなる。

現時点では、現生のタコ二五〇種すべての寿命は確かめられていない。ただ、何十年も生き続けて繁殖を繰り返すものは含まれないのではないと想像される。生き急ぐ特性は共有されているだろうとの見方だ。

一方で、タコが所属する軟体動物全体に視野を広げてみれば、必ずしも短命とは限らない。二枚貝の一種であるアイスランドガイでは、五〇七歳という年齢が科学的に査定されている。勿論、貝には出生届などはなく、歳を聞いても答えてはくれないので、体の中にある形質を使って歳を割り出すのである。

貝の場合は貝殻に注目する。貝殻を切断して観察すると、縞模様が見える。これが一年に一本つくられるとみて計数するのだ。さらに、アイスランドガイについては、放射性炭素年代測定という、地質学分野で用いられる時間分析も適用され、いわばダブルチェックされた。五〇〇年以上の寿命はヒトをはるかに超えている。

本家にいる貝が海の底で長年月を過ごすこととは対照的に、タコは短い生涯を駆け抜けていくようだ。しかし、その中で貝には見られない行動特性を示す。その最たるものが学習だ。次章では、タコをタコたらしめる知性について見ていくことにする。

第二章

タコの賢さ

学ぶものたち

本書のタイトルを「タコの知性」と銘打った。タコを知的な動物と印象づけたのは、彼らの学習能力の高さゆえである。生物学で言うところの学習は、経験により行動が変わっていくことで、長く維持されるものである。生き物が暮らす環境は時とともに変化していく。変化する環境にうまく適応するには、自分自身をそれに合わせて変える能力が必要で、それが学習である。学習は、変わりゆく環境に適応するための能力ともいえる。

教科書や参考書から学ぶことも学習という。どちらかといえば、こちらを思い浮かべる方が多いかもしれない。新たなことを学び、それにより自分の思考や振る舞いが変わるということでは、学校での学びもやはり学習だろう。

一方で、教科書や参考書がなくても、私たちヒトは日々学習している。例えば、同じ学校でも勉強以外の事柄。

私が通っていた中学校は、登校時間に厳しかった。毎朝、校門には週番《しゅうばん》と呼ばれる生徒が腕章をして立ち、通学してくる生徒たちに対峙していた。規定の時間までに校門を潜《くぐ》らないと遅刻となる。三回遅刻すると、男子は坊主頭にしなければならないという罰則があった。仮にこれをやらかしてしまい坊主頭になった生徒は、「もう遅刻はしない」と心に固く誓うことになる。深夜ラジオを聴きたくてもぐっと堪《こら》え、就寝するようになる。学習したのだ。これが遅刻を繰り返すとなると、学習しない奴ということになる。

私には同い年の従兄弟《いとこ》がおり、同じ中学に通っていた。彼は勉強がよくでき、成績は常にトップクラス。一方で、少し擦り切れた学生服を身に纏い、悠然と歩く彼は、ガリ勉のイメージとは異なる豪快さを感じさせた。

ゴーイングマイウェイの従兄弟は遅刻の常習犯だった。ついに三回遅刻し、生徒手帳に「次回床屋に行く時には頭を短く丸めること」と先生に書かれた。それで彼は坊主頭になったが、罰則はどこ吹く風、遅刻癖は変わらなかった。坊主頭にもすっかり慣れてしまったのだ。

こうなると、罰則が罰則として機能しなくなる。業《ごう》を煮やした先生は、朝礼で彼を全校生徒の前に立たせ「私はもう二度と遅刻はしません」と宣誓をさせようとした。これは効果があるはずだ。ところが、朝礼台に立った彼は右手を上げて「私はもう二度と遅刻は……うーん、どうかなあー」と宣誓し（?）、校庭は爆笑の渦となった。学習できないケースもヒトにはあるのである。

ちなみに、学習しなかった当の私の従兄弟は現役で東大に進み、後に慶應義塾大を経て、今は患者さんを丁寧に診察する医師になっている。学習とは摩訶不思議《まかふしぎ》なものである。

一口に学習といっても、学習には色々な種類がある。ネズミにベルの音をいきなり聞かせると、驚いて体をすくめるが、これを繰り返していくと、ネズミはベルの音を聞いても体をすくめなくなる。音に馴れてしまったのだ。これは馴化《じゅんか》と呼ばれるもので、学習である。

一方で、学習にはもっと複雑なものもある。イヌの前にトレーに入った餌の肉を置くと、イヌは涎《よだれ》を垂らす。この時、メトロノームの音を聞かせる。これを繰り返していくと、目の前に肉が置かれていなくても、イヌはメトロノームの音を聞いただけで涎を垂らすようになる。これは、涎を垂らすという本来イヌがもっている反射行動が、メトロノームという本来はイヌの生理的な反応とは関係のない刺激により誘発されるようになった行動だ。生物の教科書ではお馴染みのロシアの生理学者、イアン・パブロフにより検証された古典的条件づけと呼ばれる学習である。

十八番の学び

タコはどのような学習ができるのか。

タコで調べられたのは、オペラント条件づけと呼ばれる学習で、ある刺激のもとで随意的に出された反応が、刺激が提示されるたびに表出されるようになるというものだ。例えば、ケージの中にいるラットがたまたまレバーを押すという行動をする。すると、すかさずラットに餌をあげる。これを繰り返すと、ラットはレバーを高い頻度で押すようになる。レバーを押せば餌がもらえるということをラットが学習したのだ。

タコのオペラント条件づけはマダコ（第一章図1－4）で調べられた。

白いボールをマダコに提示し、それをマダコが攻撃すれば餌を与える。これを繰り返すと、マダコは白いボールが目の前に出されると攻撃するようになる。オペラント条件づけの成立である。当のマダコにとっては、白いボールは生きていく上で何かの役割を演じるものではない。そもそも海の中に白いボールは転がっていないだろう。そのようなものを、餌と関連づけてマダコが学習したと言える。これは赤いボールでも成り立つ（図2－1一段目）。白だから攻撃するという、生まれながらの特性がある所以《ゆえん》というわけではないのだ。なお、前述したようにタコは色がわからない。なぜタコが赤と白のボールを区別できるのかは、次の三章で説明する。

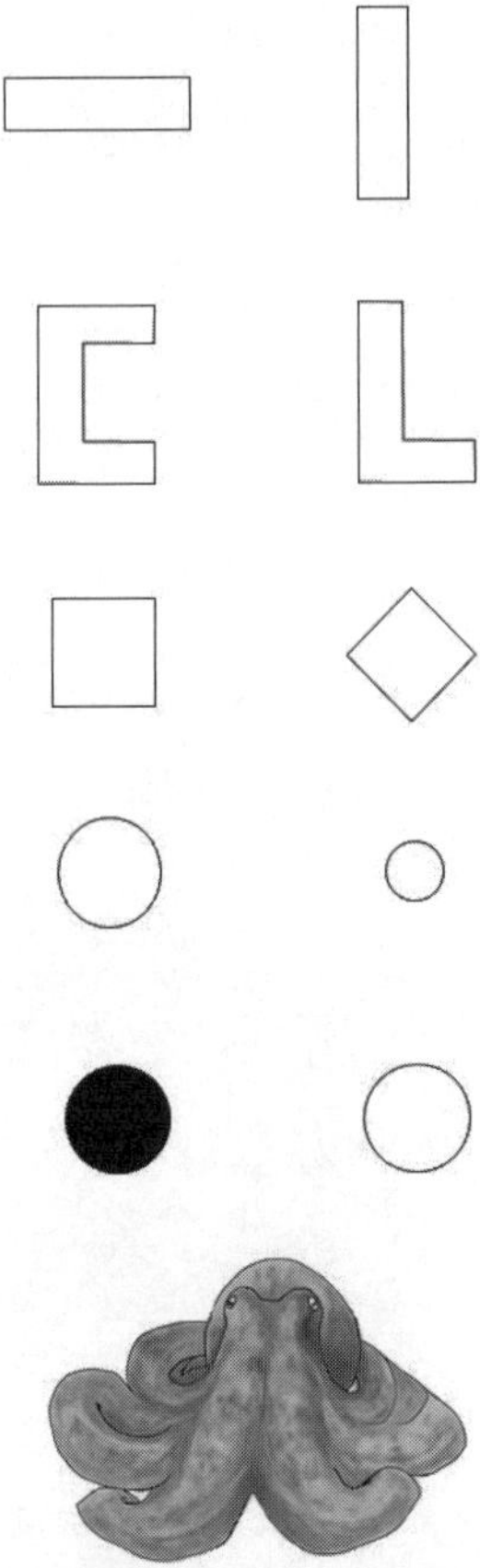

図2-1　マダコの弁別学習。同じ段にある対の左右の図形を見分けることができる（Boycott & Young, Proceedings of the Royal Society of London B, 146, 439-459をもとに描く）

マダコが学習できるのは赤と白のボールに留まらない。同じ色のボールでも大きさが違うとき、大きさについても学び、区別することができる。大きなボールを触るように訓練されたタコは、小さなボールが目の前にあっても触らず、大きなボールを触る（図2-1二段目）。

ボールのような円形の図形だけではなく、他の形の図形を学ぶこともできる。例えば、マダコは正方形を攻撃することも学ぶ。さらに、正方形を学習したマダコは、正方形と菱《ひし》形《がた》が目の前に置かれると正方形を選び、攻撃する（図2-1三段目）。これは、学習した図形を他の図形から区別する能力、弁別学習《べんべつがくしゅう》として知られるものである。

形については、三角形や十字《じゅうじ》形《けい》でも学習することができる。もう少し複雑な図形、例えば長方形が幾つか組み合わさったようなものもマダコは学習し、他の図形から見分けることができる（図２－１四段目）。また、図形の向きもマダコは学習でき、見分けることができる。例えば、縦に置かれた長方形と横に置かれた長方形といったものだ（図２－１五段目）。

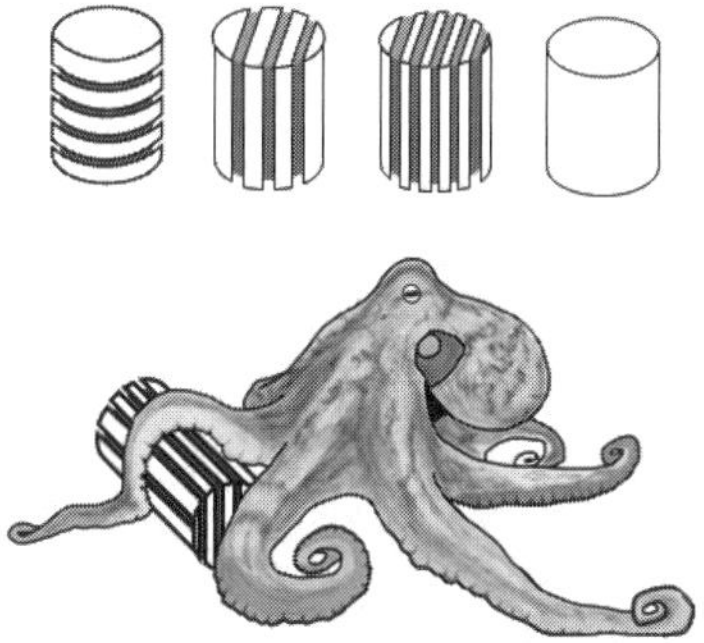

図２－２　マダコの触覚学習。溝の掘られた円柱を腕で触って区別できる（Wells & Wells, Journal of Experimental Biology, 34, 131-142, 1957をもとに描く）

これらは何れも見て学習する視覚学習だが、マダコは触ることによっても図形を学習し、見分けることができる。例えば、円柱に縦方向に幾筋《いくすじ》もの溝を掘った図形。これら円柱の大きさは同じで掘られた溝の数が異なる図形でも、タコは溝を腕で触ってその違いを見分けることができる。溝を横方向に掘った円柱であっても、同じようにマダコは腕で触って学習し、見分けることができる（図２－２）。視覚学習に対して、これは触覚学習と呼ばれるものだ。

なぜこのようなことができるかといえば、腕に付属した吸盤が高感度のセンサーとして働いているためである。

タコの腕一本一本には、二〇〇個もの吸盤が付属している。吸盤には触覚に関わる受容《じゅよう》体細胞《たいさいぼう》が分布しており、触ることで得られた情報を神経細胞が脳に伝達する。同じことは、視覚学習でも起きている。眼で見た情報が神経細胞により脳に送られて処理されている。

「組んでよし、離れてよし」とは、大相撲で押しと投げの両方に長けた力士を評する言葉だが、これになぞらえればタコは「見てよし、触ってよし」といったところだろう。

ただ、マダコにも得手、不得手がある。例えば、十字の図形と、十字にさらに線が一本交差した図形を見分けるのは、マダコは苦手だ。円と正方形も高い正解率では見分けられない。形が似たものを見分けることは難しいのだ。また、溝が縦方向に掘られた円柱と横方向に掘られた円柱では、溝の太さと本数が同じであればマダコは両者を高い正解率で見分けることができない。形状が同じだと、触っただけでは溝の方向を区別するのは難しいようだ。

さらには、重さの違いを腕で触っただけで区別することもマダコは得意ではない。このあたりはタコの知覚特性に依存しているのだろう。何でもできるスーパーマンというわけではないのだ。

一方、視覚学習と触覚学習を組み合わせたような学習もマダコにはできる。ガラス瓶の中にマダコの大好物である生きたカニを入れ、コルク栓で蓋をする。これをマダコに提示すると、少ない回数の試行錯誤でタコはコルク栓を腕で開け、中にいるカニを捕まえて食べることができる（図2－3）。

図2－3　マダコの新規課題の学習。ガラス瓶に入ったカニを瓶の蓋を開けて捕獲しようとするタコ（Fiorito et al., Behavioral and Neural Biology 53, 217-230, 1990をもとに描く）

透明な容器にご馳走が入っているなどという状況に、マダコが海で遭遇することはないだろう。つまりこれは、マダコにとっては初めて目にする光景のはずだ。カニは何やら目には見えない障壁の中にいて、なおかつそれにはさらなる障壁（コルク栓）がある、ということをマダコは理解したことになる。そして、さらなる障壁を外せばご馳走にありつけることも理解した。状況を把握し、段階を踏んでことにあたり、問題を解析した。新規課題の解決として知られる学習である。

ワンランク上の学習

さらに高度な学習もマダコはやってのける。イタリアはナポリの臨海実験所アントン・ドールンのグラッツィアーノ・フィオリト博士とレッジョカラブリア大学のピエトロ・スコット博士は、マダコで巧妙な実験を行なった。

まず、71ページと同様に水槽の中で、一尾のマダコに赤玉と白玉を同時に見せる。ここでタコは赤玉を攻撃すると餌がもらえ、白玉を攻撃すると電気ショックを受ける。つまり、赤玉なら報酬、白玉なら罰を受けるということで、この訓練を繰り返すとタコはやがて二つの球が目の前に提示されると赤玉を攻撃するようになる。赤玉を攻撃することを学習したのだ。

次に、人間によってこのような学習訓練を施されたマダコを水槽の片側に、もう片側には何の訓練も施されていないマダコを入れる。両者は透明な仕切りで隔てられており、互いを見ることができる。

ここで、学習訓練を受けたタコをデモンストレーター（実演者）、何の訓練も受けていないタコをオブザーバー（観察者）と名づける。デモンストレーターに赤玉と白玉を見せると、赤玉の方に泳いで行ってこれを攻撃する。このように学習させられたのだから、これは驚くに当たらない。

さて、注目すべきはオブザーバーだ。隣のタコが赤い色の球を攻撃する様子を、「なんだ、なんだ」という様子で熱心に見始める（図2－4）。頭部を動かして熱心に見る。

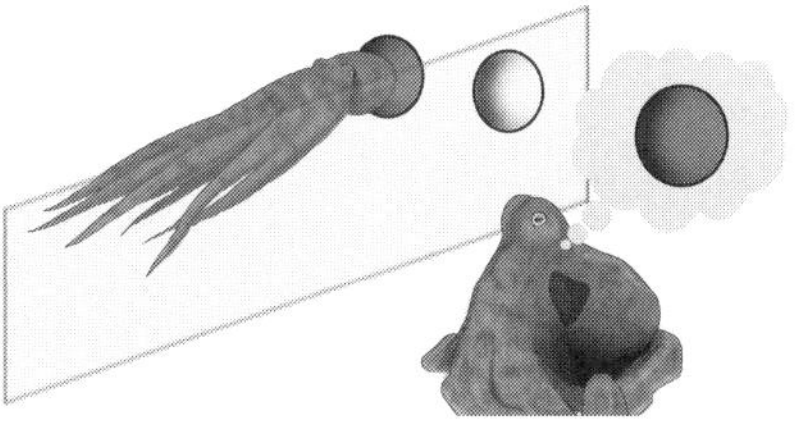

図2－4　マダコの観察学習。デモンストレーター（左）の行動を透明な仕切り越しに観察するオブザーバー（右）

その後、デモンストレーターを水槽から取り上げ、水槽の透明な仕切りも外す。水槽に残るのはオブザーバーだけだ。ここで、オブザーバーに赤玉と白玉を同時に見せる。すると、なんとオブザーバーは赤玉を攻撃する。オブザーバーのタコは、餌と電気ショックを使って赤玉を攻撃するように人間に訓練されてはいない。ただ、隣にいるデモンストレーターのタコが赤玉と白玉が出た時に赤玉を攻撃する様子を見ていただけだ。

同種他個体のやることを見て学ぶ学習を観察学習《かんさつがくしゅう》または

見まね学習という。オブザーバーのタコは、デモンストレーターのタコのやることを見て、学んだ。つまりは観察学習をしたと考えられる。フィオリト博士とスコット博士がマダコで行なったこの実験の成果は、科学雑誌の『サイエンス』に一九九二年に掲載された。

観察学習はヒトでは普通に見られるものだ。お手本があり、それを見て同じようにする。私が小学生の頃、初めて野球をやりだしたとき、スポーツマンの叔父に投球と打撃を教わった。投げるときには肘を曲げ、打つときには脇を締める。それを叔父が実際にやって見せてくれて、私はそれを見て同じようにした。これを繰り返すうちに、それらしく球を投げ、打つことができるようになった。もっとも、打撃はそれなりのものになったが、守備がダメだったのでプロ野球には進めなかった。

ヒトは大人になっても観察学習を行なう。私用で大阪から宝塚方面に向かう列車に乗ったが、その列車は降車時に乗客が自分で扉を開けるものだった。夏場のことで、降車する客がいない扉まで一斉に開けたのでは冷房が勿体ない。降りる扉だけセルフで開けてくれというわけで、節電対策だ。

ただ、これに乗り慣れていない者にとっては状況がよくわからない。私は、降りる人が扉近くのボタンを押すのを見て、なるほどあそこを押せば良いのかと合点し、降車駅に着くと手慣れた感じでボタンを押した。そして、電車の扉を自分で開けたことに少し感動して駅に降り立った。

観察学習はヒトでは普通に見られる当たり前の能力のように思われるが、実は他の動物で観察学習はそうそう見られない。ヒトに系統的に近いとされるチンパンジーでも観察学習は難しい。相当に高度な学習なのだ。無脊椎動物では観察学習の報告例はない。それをマダコがやってのけたというのだ。

ところで、観察学習という高度な能力をマダコは何に用いているのだろう。同種の個体を観察するという行為は、そもそも同種の個体が近くにいなければ起こり得ない。その意味では、同種他個体と集団を作る社会性の動物でこそ観察学習は想定でき、機能すると考えられる。

しかし、マダコは単独性とされる動物だ。仲間と一緒に暮らしていないのに、仲間の行動を見て真似るという学習は無用の長物に思える。一体、タコは観察学習を何に用いるというのか？　この点については、フィオリト博士とスコット博士も「不明である」と述べている。

マダコが自然界で観察学習の能力を何に用いているのかはよくわからない。そもそも、マダコに限らず、私たちは動物の自然界での真の姿を必ずしも正確に、詳細に把握しているわけではない。

観察学習は、同種他個体の行ないを観察することが前提だ。しかも、熱心に観察することが必要だ。論文の中で触れられているが、オブザーバーのタコはそのように仕向けられたわけではないのに、隣にいるデモンストレーターのタコが赤玉を攻撃し始めると興味深そうにそれを見ていたという。そうすることでどうなるかなど何もわからないのに、このタコは隣人の振る舞いを熱心に眺めていたのだ。これはマダコの強い好奇心を現しているのではないだろうか。

外界環境への強い好奇心。これは、タコが元来もっている特性ではないだろうか。周囲をよく観察する行為。それを通じて得られる情報。時には、その情報は餌に関わることであったり、外敵に関することであったり、あるいは住処《すみか》になりそうな場所に関することであったりするのかもしれない。

そうであれば、タコは見ることにより、自身の生残の可能性を高くする有効な情報を得ることができる。これは、単独で暮らしていても意味があることだ。いや、単独であり、自分しかおらず他に頼ることができないからこそ、なおさら自分の眼でしっかりと見て情報を得ることが必要になるのではないだろうか。このように考えれば、マダコの観察学習は首肯できる高度な能力と言えるように思う。

二五〇分の一以外への視点

マダコの観察学習は非常にインパクトがあり、タコの知的能力の極めつけとしてよく紹介される。しかし、親戚筋のイカではどうも見られないし、マダコにだけ見られる特殊な能力という、やや怪訝《けげん》な印象を与えるものでもあった。

現生のタコは二五〇種ほどいる。マダコはその中の一種、二五〇分の一である。たこ焼きの具になるタコがとりわけ特殊なのかというと、そういう理由も見つからない。他のタコではどうなのだろう。これは誰しもが抱く疑問であった。

この問いに答える研究が日本人の手により報告された。対象となったのはイイダコである。

イイダコはマダコに比べると小ぶりなタコで、北海道以南の日本全国、中国・朝鮮半島、東シナ海に生息している。体は小さいものの、成熟したメスが抱える卵子のサイズは大きく、卵子の見た目が飯粒のようなので飯蛸《いいだこ》という和名がついた。大阪湾辺りではイイダコ釣りがあり、丸ごと煮たイイダコは美味である。

卵子が大きいので、孵化してくるイイダコの赤ちゃんのサイズも大きい。マダコなど多くのタコ類の孵化幼体が海中を浮遊するプランクトンとして過ごし、後に海底に着底することを前章で述べた。これに対し、イイダコの赤ちゃんは孵化した時から着底する。つまり、プランクトンとしてのフェーズがなく、最初から大人のタコのように底生性の生活を送る。これはイイダコの最大の特徴だ。

こんなイイダコを対象として、名古屋大学の冨田《とみた》充《みつる》氏と青木《あおき》摂之《せつゆき》博士は視覚学習の能力を調べる実験を行ない、その成果を動物行動学の専門誌『エソロジー』に発表した。二〇一四年のことである。

イイダコを研究の対象としたのには理由があった。タコが学習することはよく知られているが、それは主にマダコで実験されたもので、他のタコでの例があまりないこと。学習実験で多用されるマダコは、様々な行動実験を行なうには体のサイズが大きく、実は実験に不向きな面があること。これらが理由だ。

なるほど、心理学の実験に登場するマウスは体が小さいし、イイダコも小型のタコである。さらに、学習能力がどのように発達するのかを知ろうとすると、赤ちゃんのときから追跡する必要があるが、マダコではこれが難しい。マダコに限らないが、孵化したタコの赤ちゃんを飼育することは非常に難しいのだ。特に、プランクトンの時期がそうである。これに対して、イイダコは孵化してすぐに着底するので、赤ちゃんから大人まで安定して飼育することができる。

加えて、イイダコの方がマダコよりも生涯の長さが短いので、何世代にもわたって実験を継続することができそうだ。これは、学習の遺伝的な基盤を探るといった研究では大きな強みになる。なぜ遺伝の研究でショウジョウバエが登場するかといえば、一生の長さが短く、何世代にもわたる実験を短時間で行なうことが可能だからだ。

冨田氏と青木博士がイイダコに着目した理由はさらにあった。それは、マダコで調べられた観察学習に関係する。

マダコの観察学習は『サイエンス』誌に報じられたものの、幾つかの批判を浴びた。必ずしも観察学習を正確には検証し得ていないのではないか。観察学習と捉えることもできるが、別の可能性も考えられる。批判の中心はそういうことであった。

オブザーバーのマダコはデモンストレーターのマダコが赤または白の玉を攻撃するのを見て、自分も同じ色の玉を攻撃したというのが、フィオリト、スコット両博士が確認したことだった。しかし、デモンストレーターが赤、白の玉という刺激に向かっていくという行動が、オブザーバーの注意を向けさせ、結果として赤か白の玉を攻撃するようになったとも考えられる。これは刺激促進として知られる。

あるいは、報酬の餌を食べているデモンストレーターという同種他個体の存在が、オブザーバーの特定の行動を促進するということも考えられる。これは社会的促進として知られるものである。また、赤、白の玉と報酬の餌が同時に目の前にあると、餌を捕獲しようとする行動は、赤か白の玉を見ただけでも誘発されるようになる可能性がある。これは高次条件づけとして知られるもので、この場合、デモンストレーターはいなくてもオブザーバーは赤か白の玉を攻撃すると考えられる。

このように、マダコの観察学習として報じられた行動は、厳密には観察学習以外の仕組みでも説明できてしまう。つまり、観察学習と言い切るために必要な比較対照の検証を欠いていたという弱点がある。冨田氏と青木博士はこの点も踏まえて、イイダコで観察学習ができるのかを検証した。

イイダコの観察学習

まずは、マダコと同じようにイイダコを訓練し、縦方向の黒色長方形と横方向の白色長方形を見分けることができるようにした。これは正解の図形に触るようになるというもので、イイダコも視覚学習ができることを示している。観察学習の実験を行なう上で前提となる能力だ。

次に、冨田氏と青木博士は、デモンストレーターのイイダコをオブザーバーのイイダコに見せた。

ここで巧妙な設定が施された。マダコの観察学習の実験とは異なり、四通りのデモンストレーターが用意されたのだ。

図2-5を見て欲しい。

一つ目は、縦方向の黒色長方形と横方向の白色長方形ともに正解と学んだデモンストレーター（デモ1）。つまり、この個体はどちらの図形が提示されても触りに行く。

二つ目は、縦方向の黒色長方形、横方向の白色長方形のどちらかが正解と学んだデモンストレーター（デモ2）。つまり、この個体は二つの図形のうちのどちらか一方しか触らない。

三つ目は、青色の円を正解と学んだデモンストレーター（デモ3）。つまり、この個体は、

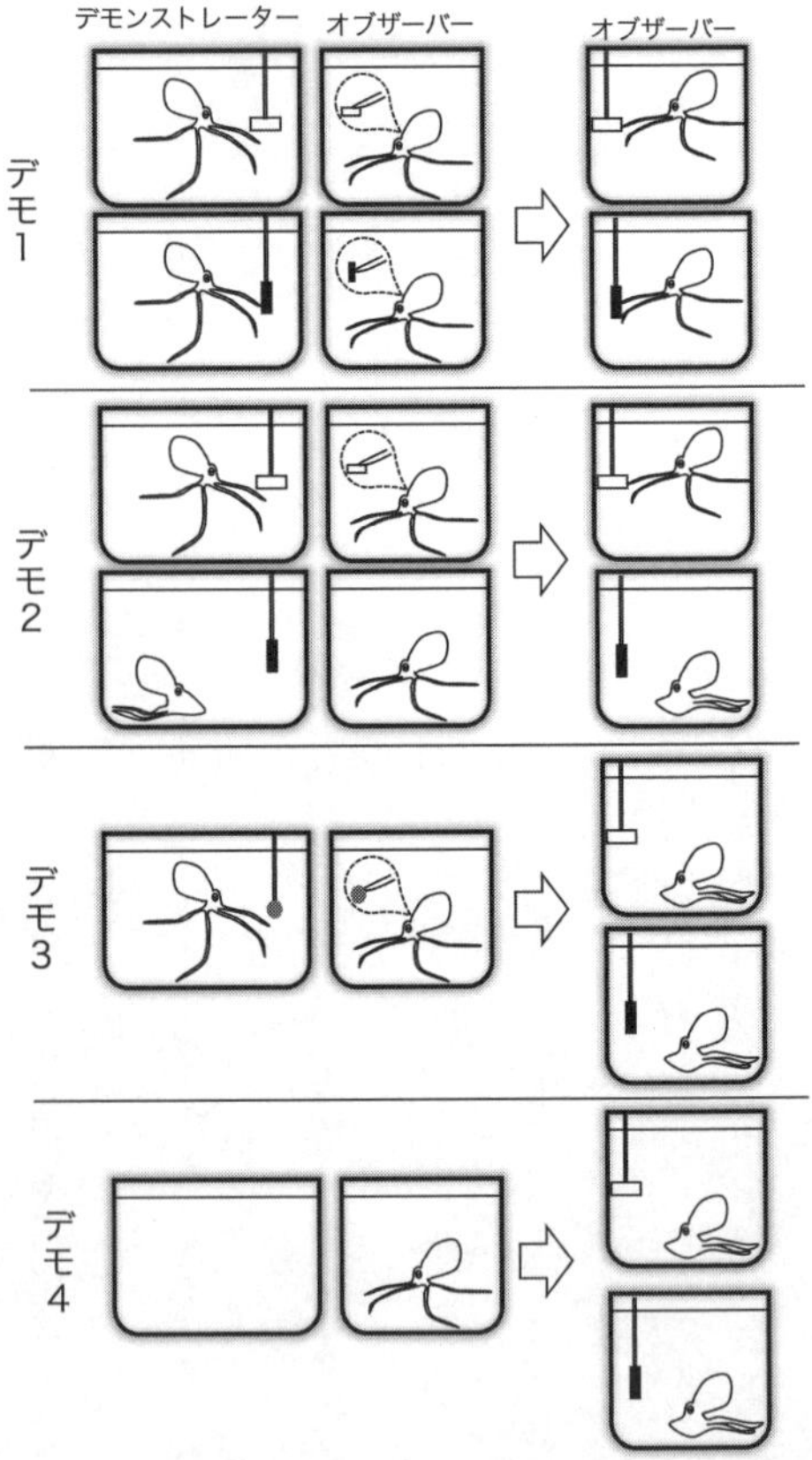

図2-5　イイダコの観察学習。デモ1）縦方向の黒色長方形と横方向の白色長方形が正解のデモンストレーター、デモ2）白色長方形が正解のデモンストレーター、デモ3）青い円が正解のデモンストレーター、デモ4）デモンストレーター不在。矢印の右側は横方向の白色長方形を正解とした場合のオブザーバーの行動の予測（Tomita & Aoki, Ethology 120, 863-872, 2014をもとに描く）

縦方向の黒色長方形とも横方向の白色長方形とも異なる青色の円を触りに行く。

四つ目は、デモンストレーターがいない状態（デモ4）。つまり、オブザーバーにとってイイダコが目の前にいない状態である。

これら二つ目以降のデモンストレーターは、先に述べた刺激促進、社会的促進、高次条件づけという、マダコの観察学習では抜け落ちていた事柄を検証するために用意された。

次に、四種のデモンストレーターを見たオブザーバーを、横方向の白色長方形を正解としてテストする。テストでは、縦方向の黒色長方形か横方向の白色長方形が提示されるので、オブザーバーが横方向の白色長方形を触れば正解である。

実験結果の予測はこうだ。デモ1を見たオブザーバーは、両方の図形のどちらが目の前に現れても触ろうとするだろう。なぜなら、隣人がそのようにして褒美をもらっていたからだ。正解に加えて不正解の図形も触るだろうとの予測だ。

他方、観察学習の視点に立てば、デモ2、デモ3、デモ4を見たオブザーバーでは、不正解である縦方向の黒色長方形を触る度合いはデモ1より少ないと予想される。なぜなら、これらのデモンストレーターは縦方向の黒色長方形を触ること自体がなかったので、それを見ていたオブザーバーも縦方向の黒色長方形に触ることを隣人から学ばなかったと考えられるからだ。

もしも予想通りの結果であれば、イイダコは観察学習ができると結論できる。どのようなデモンストレーターを観察したかというオブザーバーの経験が、その後のオブザーバーの行動に強く影響するということだ。

実験の結果は予想通りのものだった。まず、オブザーバーのイイダコは隣の水槽にいるデモンストレーターのイイダコのやることをよく見ていた。そして、デモ1のオブザーバーは、正解に加えて不正解の黒色長方形も多く触りに行った。その割合は六二パーセントほどだった。

一方、デモ2、デモ3、デモ4を見たオブザーバーは、不正解である黒色長方形を触る割合はさほど高くはなく、二三パーセントから三七パーセントほどであった。これらの値に比べると、デモ1を見たオブザーバーの不正解率（六二パーセント）は、統計的に有意に高い値だと解析された。刺激促進、社会的促進、高次条件づけが起きていたわけではないのだ。

イイダコは同種他個体の動きを見て学び、それを真似る観察学習を行なっていたのである。その後、不正解とされることであっても、見て学んだことに根差して不正解を選んでしまうのだ。大人が悪行を子どもの前ですると「子どもが真似をしますよ」とたしなめられたりするが、まさに悪いことも含めて真似をしてしまうのが観察学習だ。

フィオリト博士とスコット博士の論文は、観察学習という高度な学習をタコという動物で想定し、それを実験的に初めて調べた点で評価されるものだ。しかし、パイオニア的研究の常か、それは不完全なところがあると後に批判を浴びた。それを、イイダコという別のタコで緻密に検証してみせた冨田氏と青木博士の論文は、一つの現象を再検証し、さらに新たな知見を加えて明確に示したという点で高く評価されるべきものと言える。

また、イイダコという、タコの知性研究ではそれまで登場することがなかった種にスポットライトを当てた点もユニークで素晴らしい研究だ。小さなイイダコも知的なのである。

なお、イイダコについては、広島大学の山崎晶子《やまざきあきこ》氏、吉田将之《よしだまさゆき》博士、植松一眞《うえまつかずまさ》博士らが、脳の発達を孵化後三箇月にわたって組織形態学的に調べ、二〇〇二年に動物学の専門誌である『ズーオロジカル・サイエンス』に報告している。

これは、イイダコが孵化後すぐに着底する特性に着目し、赤ちゃんダコを長期にわたり飼育することで成し得たものだ。タコ類の孵化後の脳発達を細かく追跡した研究としては初めてのもので、貴重な知見を提供するものでもある。現在でも、マダコも含めて他のタコでは脳の発達についての知見は得られていない。

孵化後すぐに着底することや、小型であるというユニークな特徴は、見方を変えればイイダコという種が他のタコと比べて特異的であることを示しているのかもしれない。この点に十分に注意を払えば、イイダコは私たちにこれからも多くのことを教えてくれるだろう。

道具を使うタコ

道具を使うことも高度な学習とされている。

以前は、ヒトだけが道具を使うことができる動物と考えられていた。しかし、後に同じ霊長類のチンパンジーも道具を使うことが報告された。

木の枝を使って小さな穴からアリを捕まえて食べるアリ釣りは、チンパンジーが野外で行なう道具使用の例である。同じく霊長類のヒゲオマキザルはカシューの殻を割るのに大きな石を台にし、そこにカシューを置き、小さな石を上から叩きつける。ハンマーと台石の組み合わせである。

霊長類だけではない。鳥も道具を使う。ニューカレドニアに生息するカレドニアガラスは、木の枝を細工して道具にし、穴の中からイモムシを捕まえて食べる。

自分の身体以外のものを目的達成に用いる道具使用は、道具をどのように操作すれば目的を達成できるのか、道具の形状と動きにより起こる結果との関係性、つまりは因果関係を理解していないとできないものである。それだけに高度なものとされる。実際に、道具使用が見られる霊長類やカラスは動物の中では脳が大きなものたちで、潜在的な学習能力は高いと思われる。

普段、様々な場面で道具を使っている我々からすれば、道具を使うことがそれほど難しいことだろうかと首を傾げてしまうかもしれない。

金槌で釘を板に打ちつける。これは簡単な動作だが、知っているからできるとも言える。そこに未知なる道具がポンと置かれていたらどうだろう。これは結構難しいかもしれない。このことは、かつて多用され、今は使われない道具についても言えるだろう。

例えば、ダイヤル式の固定電話。いわゆる黒電話というもので、私が大学生くらいまではどこの家庭にもこの電話機があった。電話機には穴の空いた円盤がついており、穴の下には円上に数字が1から9までと0が並んでいる。これをどのようにいじったら電話をかけることができるか、当世の小学生ならわからないかもしれない。改めて考えれば、道具と動作の因果関係の理解は難しいものだ。

実験室に場所を移しても、チンパンジーは道具使用の能力を示す。例えば、檻の中にいるチンパンジーにバナナを提示する。檻から腕を伸ばしてもバナナには届かない。そんな時、檻の中に先端に鉤のついた棒を入れてあげると、チンパンジーはこれを使ってバナナを引き寄せ、ゲットする。道具使用である。野生下にこのようなものが転がっているわけではないだろうから、遠くに置かれたバナナの位置と棒の形状と長さなどをチンパンジーが見て、因果関係を理解して道具使用を行なったと考えられる。さすが、進化の隣人と言われるだけはある。

タコはどうだろう。霊長類とも鳥類とも系統的には大きくかけ離れているこの動物でも、道具使用が報告されている。道具を使うタコはメジロダコという種だ。ビクトリア博物館、ラ・トローブ大学（オーストラリア）のジュリアン・フィン博士、エクセター大学（英国）のトム・トレゲンザ博士、ビクトリア博物館のマーク・ノーマン博士らにより、二〇〇九年に『カレント・バイオロジー』誌に論文が発表された。

研究の舞台となったのはインドネシアのスラウェシとバリ沿岸で、一九九八年から二〇〇八年にかけての潜水調査を通じて、二〇例を超える道具使用が観察された。

道具として使用されたのは二枚貝の殻とココナッツの殻である。二枚貝というのは、二枚の殻が合わさった形の貝で、ホタテガイやハマグリ、シジミなどがそうだ。メジロダコはこれらの殻を二枚合わせ、その中に自身の体を入れていた。いわば、シェルターとして殻を使っているのである。

さらに興味深いことに、メジロダコはこれらの殻を持ち歩いていた。ココナッツの殻に乗り、八本の腕を四方に広げ、腕の根元でココナッツの殻の縁を「よいしょ」と持ち上げて、あとは八本の腕の先端を足のように使って歩いていく（図2-6）。見ようによっては、ココナッツの殻という橇《そり》に乗って移動しているようだが、よく見るとココナッツの殻は海底から持ち上げられている。どうやらお気入りの道具は持ち歩くらしい。

持ち歩くココナッツの殻は、メジロダコの胴体よりも大きなもので、一個だけでも体が隠れる。中世の騎士が持つ盾のようだ。

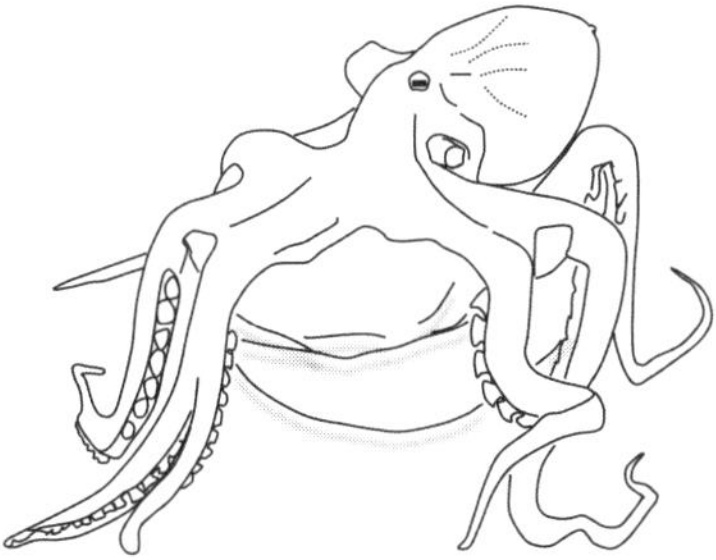

図2-6　メジロダコに見られる道具使用。道具として使う二枚のココナッツの殻を重ねて運んでいる（Finn et al., Current Biology, 19, R1069-R1070, 2009をもとに描く）

おそらく、中身がなくなった、つまりはその持ち主が死亡した二枚貝の殻を使うことが進化し、その後、ヒトが捨てたココナッツの殻をも同じようにして道具として使用するようになったのではないか。フィン博士らはそのように考えている。

なお、この論文ではメジロダコが歩く様子もレポートされている。これは八腕の上に胴体と頭部を乗せ、二本の腕を器用に前後に出して移動するもので、二足歩行《にそくほこう》と言えるものだ。

タコが二足歩行することとは、カリフォルニア大学バークレー校のクリス・ハッファード博士らが、同じくインドネシアの海の潜水調査で発見し、『サイエンス』誌に発表している。メジロダコの道具使用の論文に先んじる二〇〇五年のことだ。二足歩行はウデナガカクレダコなどで観察された。

二足歩行は本来ヒトにしか見られない行動特性である。チンパンジーでもサルでも、あるいはエリマキトカゲなどでも短時間ならば二足歩行は見られるが、これらの動物は四足《しそく》歩行《ほこう》が基本である。何かの折に後ろ足で立ち上がったり、エリマキトカゲのように外敵に驚いて一目散遁走寺《とんそうじ》を決め込んだり、一時的に二足歩行らしきものが見られるに過ぎない。

これに対し、タコで最初に見られた二足歩行は、外敵に気づかれないように移動するためのもののようで、腕の上に乗った丸いタコの体はココナッツの殻のようにも見える。ココナッツ殻のハリボテ（自分の胴体と頭）を載せて、そそくさと移動しているのがタコの二足歩行というわけだ。その機能の真意にはまだ議論の余地があるが、ヒトにおける二足歩行の起源を考える上でもタコの二足歩行は興味深い現象である。

道具使用に戻ろう。タコの道具使用については、その潜在性をレスブリッジ大学（カナダ）のジェニファー・メイザー博士が一九九四年に発表された論文の中で指摘している。これは、マダコの若齢個体が自身の巣に石や砂を運んできたというもので、これらを将来、道具として使おうとしたのではないかとの指摘である。

先に例示したチンパンジー、ヒゲオマキザル、カレドニアガラスの道具使用が、摂餌という目的であったことと比べると、メジロダコに見られた道具使用は防衛が目的とみられ、様相が異なっている。ただ、自身の身体以外のものを生存のために用いるという点では、同じく道具使用であり、タコの高度な学習能力の一面を示すものと言えるだろう。

本章ではタコの学習能力について概観した。学ぶことのできる海底の賢者は、一体どのような世界に生きているのだろうか。それは海の中であるが、私たちが覗く海中景観とタコが見て感じるそれは、必ずしも同じではないだろう。彼らにも眼があり、吸盤で触り心地を感じることができる。しかし、そこから得られた周囲の環境情報は、タコに独特な方法で処理され知覚されている。それは、ヒトとはまるで異なるものかもしれない。

次章では、タコの感覚器系に注目しつつ、彼らが生きるワンダーワールドを探ってみたい。

第三章
タコの感覚世界

それぞれが生きる世界

シャクトリムシは蛾の幼虫である。

今はあまり見かけないが、かつて人は親指と人差指を曲げては伸ばし、モノの長さを測った。両方の指を広げた長さを知っていれば、それを物差しとして長さが計測できるという原理である。

その昔、日本では長さの単位として尺《しゃく》が用いられていた。一尺は三〇センチほどである。六尺を超える大男といえば、身長が一八〇センチ以上の大柄な人ということになる。ちなみに、幕末の志士、西郷隆盛《さいごうたかもり》は六尺近い人であった。時代からしてもまさに大きな人である。

「尺を取る」とは長さを測ることだが、シャクトリムシは長さを計測するように移動するのでこの名が与えられている。勿論、当の本人は一生懸命に移動して距離を測っているわけではない（おそらく）。

図3－1は拙宅で見つけたシャクトリムシである。しゃんと身体をまっすぐに伸ばしている出で立ちは、尺取りと言うよりは小枝のように見える。実際に、注意して見ないとこ

れが昆虫だとは気づかない。おそらく本人は擬態しているつもりなのだろう。

　ところで、このシャクトリムシ。私たちとは見た目が随分と違っている。

　まずもって大きさが全く違う。腕や足の本数、その長さも違う。私たちのようなクリリとした大きな眼や、外に張り出した耳もない。ここから察すると、彼らが見聞きしている世界は、私たちヒトとはかなり異なっているのではないだろうか。

　私たちは周囲の世界を眼で見て、耳で聞いて、手で触って認識している。時には、鼻を近づけて匂いを嗅ぐことも、口に含めて味わうこともある。五《ご》感《かん》と言われるものである。

図3－1　シャクトリムシ

　一方、これら複数の感覚を均等に使っているかというとそうではなく、ヒトの場合は眼からの情報、つまりは視覚にかなり依存している。それだけに、視覚が遮断されると二進《にっち》も三進《さっち》もいかなくなる。
　しかし、このような感覚世界はすべての動物で同じではない。
　コウモリは暗闇で獲物の蛾を捉えることが

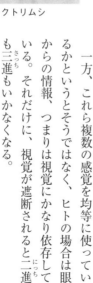

できる。彼らは超音波を出し、それが獲物に当たって返って来る反響を利用して獲物と自分の位置を検出できる。エコーロケーションと言われるものだ。真っ暗な中でも、コウモリの頭の中には周囲の情景が描かれるのだ。

猛禽類《もうきんるい》のタカは、はるか上空からでも地上の獲物を見つけ出すことができる。彼らは私たちヒトよりも精度の高い眼をもっている。視力が良いとされるアフリカの部族をも凌《しの》ぐ視覚の持ち主だ。

個々の動物は、それぞれのやり方で外界を認識し、感じている。個々が経験する感覚世界は、その動物種ごとに大きく異なっていると言える。かのシャクトリムシにはシャクトリムシが感じ、経験する世界があるのである。

タコはどうだろう。タコはヒトの眼と酷似した眼をもっている。そこからすると、私たちと同じような世界を見ているのだろうか。腕が八本もあり、それぞれに吸盤がついていることからすると、彼らの感じる世界は私たちのそれとは随分と違うのだろうか。

それぞれの動物が経験する感覚世界を知るには、その動物がどのようにして外界環境の情報を取り入れ、処理するのかを知る必要がある。まずは、タコの眼から話を始めよう。

大きな眼

タコの眼は頭部の左右に一つずつある（図3－2）。一見して、それが非常に大きなものであることがわかる。タコの眼を外側から見ると、黒色の長方形のように見えるが、これは眼に瞼《まぶた》がかかっているからだ。私たちと同じように、瞼が開くと黒色の眼もより大きくなる。眼を見張るという状態だ。

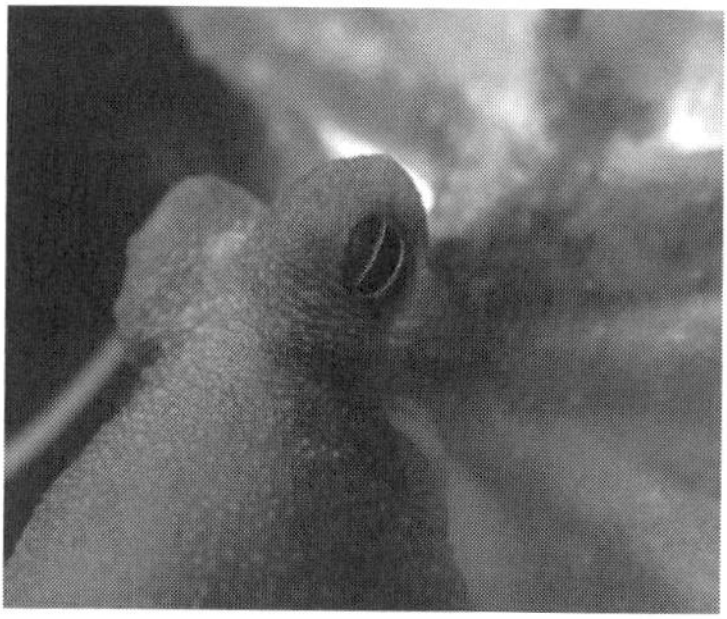
図3－2　タコの眼（写真はヒラオリダコ。撮影　川島菫氏）

タコの眼は高校の生物の教科書でよく取り上げられる。それは、形が私たちヒトの眼と非常によく似ているからだ。

大きくて形も似ている眼をもつなら、タコの視力も相当程度に良いだろうと思い至るが、私たちと同じようにタコに片目を隠してもらい、黒い輪の一箇所が切れたランドルト環（視力検査用の記号のこと）を見せて、切れた箇所を答えさせるのは難しい。

前章で紹介したように、タコは図形を識別する視覚学習ができることから、ざっと脊椎動物と同レベルの視力をもっているようだ。タコが無脊椎動物の仲間であることを考えると、優れた視覚の持ち主と言えるだろう。

とはいえ、タコの眼はヒトの眼とは似て非なるものだ。次にその違いを説明しよう。

ヒトの眼

ヒトの眼はよくカメラに喩えられる。カメラといっても、現在出回っているデジタルカメラではなく、今は見かけなくなったフィルムカメラである。二つのカメラは見た目こそ同じだが、撮影した映像の記録媒体としてデジタルカメラが小さなメモリーカードを使うのに対して、フィルムカメラは筒状の入れ物に収められたフィルムを使う点が違う。

カメラは外界の像を捉え、その光情報をレンズで屈折させて集光し、フィルムに当てる。フィルムは、カメラの内側にスクリーンのように貼られていて、レンズを通した光情報を受け取るようになっている。

光を受け取るとフィルムは感光し、外界の像をそこに留めることになる。ヒトの眼もこれと同じようにして、外界の光情報を取り入れている。いや、カメラという装置がヒトの眼を模し、同じように外界の光情報を受け取っているというべきだろう。

図3－3は、ヒトの眼球を水平方向に切って上から眺めたものである。眼球の内壁となっているのが網膜《もうまく》で、網膜の中には視細胞《しさいぼう》という光を感知する細胞がびっしりと並んでいる。網膜から眼球の裏側に伸びているのは視神経《ししんけい》で、これは大脳まで繋がっている。

眼で捉えた外界は、光として眼の中に入ってくる。光はレンズで屈折し、網膜の特定の領域に照射される。網膜にある視細胞の中には視物質《しぶっしつ》が入っており、光が当たると反応する。その情報が視神経を通じて大脳に送られ、視覚を司る領域の視覚野《しかくや》で処理され、モノが見えるという感覚、視覚が生まれる。

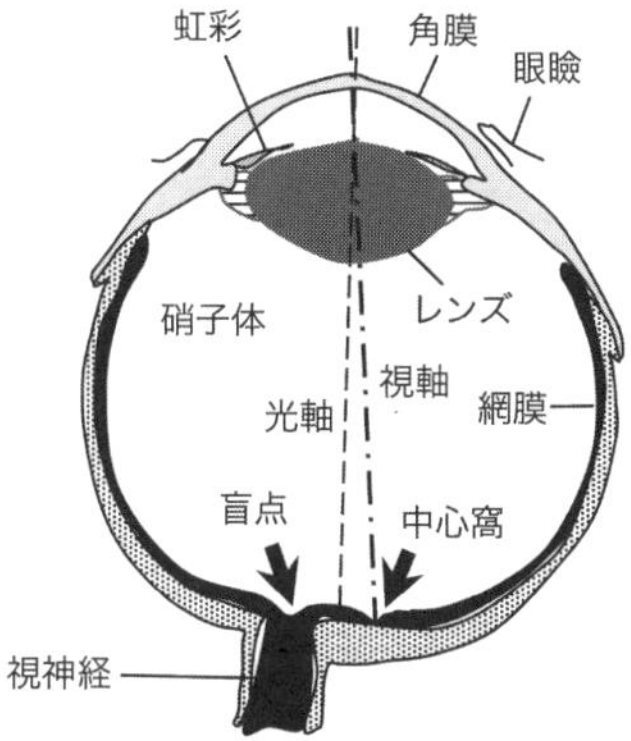

図3－3　ヒトの眼。眼球全体の断面（池田光男著『眼はなにを見ているか』平凡社をもとに描く）

タコの眼

次に、タコの眼を見てみよう。

図3－4は、先ほどのヒトの眼と同じように、タコの眼を水平方向に切って眺めたものだ。眼球の構成は先ほど見たヒトの眼と非常によく似ている。

タコの眼をよく見ると、眼球の外側に視葉《しよう》

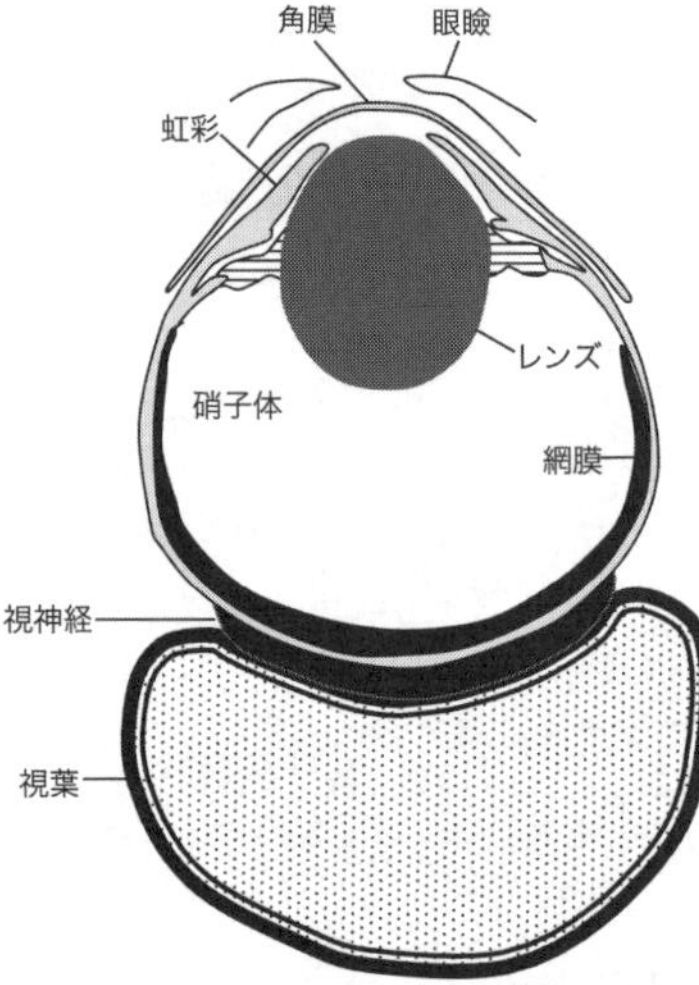

図3－4　タコの眼。眼球全体の断面（Budelmann et al., 1997, in “Microscopic Anatomy of Invertebrates” Wiley-Lissなどをもとに描く）

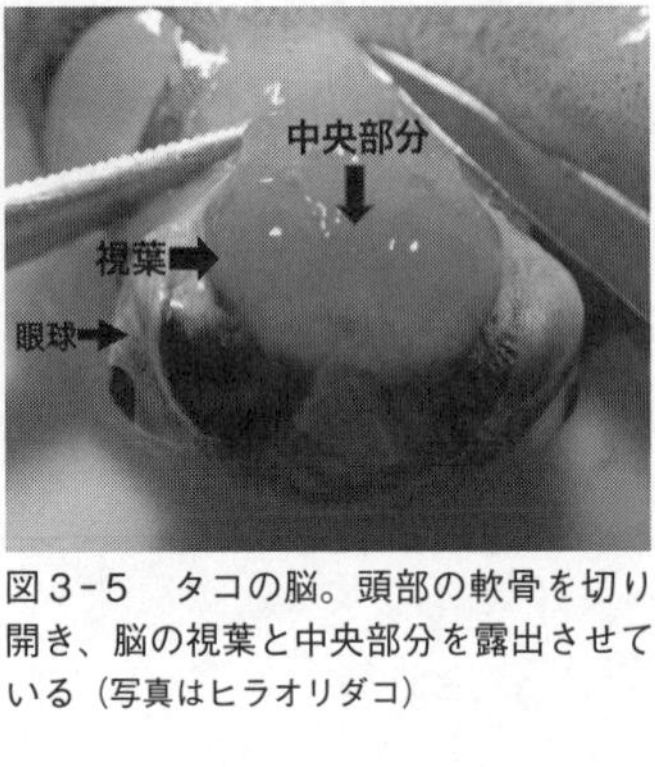

図3－5　タコの脳。頭部の軟骨を切り開き、脳の視葉と中央部分を露出させている（写真はヒラオリダコ）

というソラマメのような形をした器官が付属しているが、これは脳の一部である。

タコの脳は複数の区域から構成され、それぞれを脳葉《のうよう》と呼んでいる。視葉は視覚情報処理を担当するタコの脳部位だ。残りの脳葉は頭部の中央にひとかたまりで配置されている（図3－5）。視葉はタコの脳の中では最も大きな脳葉である。これはイカも同じだ。タコとイカは巨大脳の持ち主だが、そのかなりの割合は視葉が占めている。これは、タコとイカが視覚に大きく依存していることを物語っている。

　これまでのところ、ヒトの眼とタコの眼に大きな違いは見られなかった。実は違いは網膜にある。

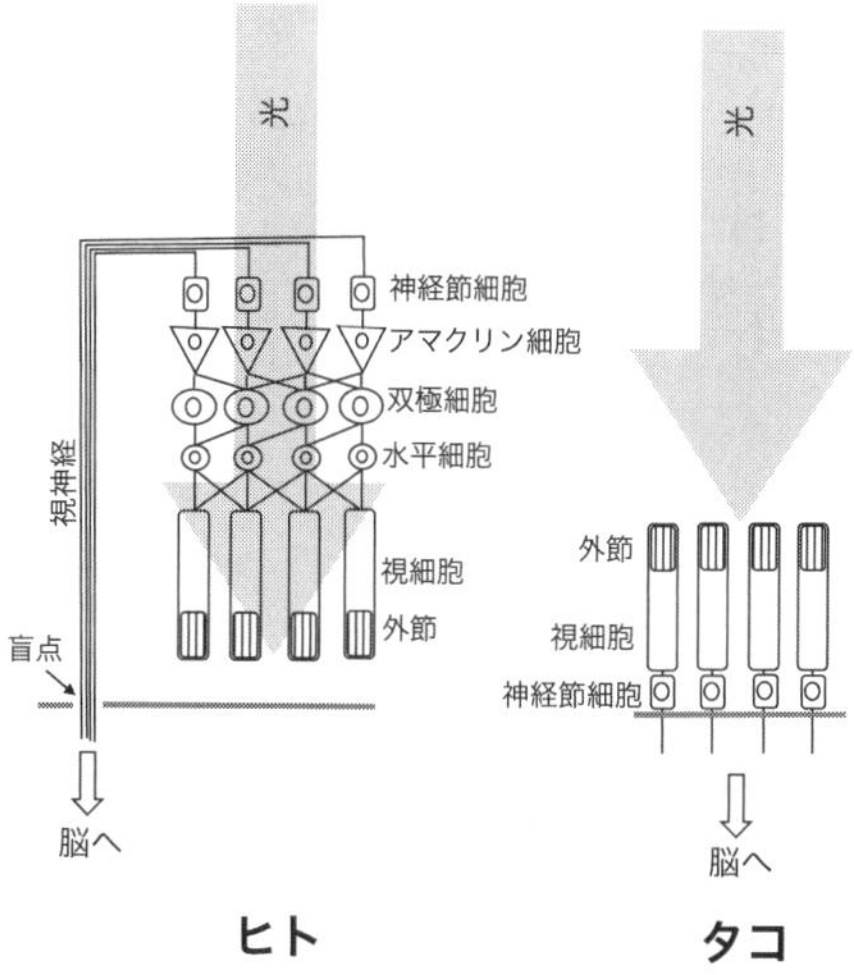

図3-6　ヒトとタコの網膜の模式図。錐体細胞と桿体細胞の違いは描いていない。外節は視細胞の頭部で受光部位

反転網膜という厄介者

図3-6は、ヒトとタコの網膜の一部を拡大したものである。

　視細胞の頭部は受光部位で、外《がい》節《せつ》という。ヒトの網膜では視細胞の外節が入射光と反対側を向いている。光を受け取る細胞としては、これは何とも不都合な向きだ。また、視細胞の手前、光が来る通り道にアマクリン細胞、水平細胞《すいへいさいぼう》、双極細胞《そうきょくさいぼう》、神経節細胞《しんけいせつさいぼう》といった細胞がたくさん配置されている。あたかも、視細胞の前方に密林が茂っているかのようだ。眼のレンズを通った光からすれば、遮蔽物が幾層にも重なっていることになる。ラグビーに喩えれば、ボールを手にしても前方には敵の選手が何人も待ち構えていて、タックルしてくるようなものだ。

このような視細胞の配置は、反転網膜《はんてんもうまく》と呼ばれ、脊椎動物の網膜に見られる特徴である。光を受容するという点からは非効率で厄介な特徴だ。

反転網膜がもたらす厄介事はもう一つある。

視細胞で受け取られた光情報は、最終的に神経節細胞を通って大脳へと送られる。神経節細胞の軸索《じくさく》という、電線のように伸びた部分が視神経である。視神経が大脳まで通じていることは前に述べた。

視神経を大脳につなげるには、視神経を束ねて、眼球に穴を開けてそこから外に出すしかない。この穴が盲点である。網膜の中で唯一、盲点には視神経だけが通り視細胞がない。そのため盲点ではモノが見えない。これは反転網膜の短所だ。

一方、タコの網膜では、視細胞の外節が光の来る方向に向き、視細胞の手前、光の来る側には遮蔽物になる細胞は位置していない。光を受容するという点においてとても効率的である。

さらに、網膜の一箇所に穴を開けて視神経の束を外に出す必要もない。これはタコの網膜には盲点がないことを意味している。

つまり、タコの網膜はどこでも光を感知できる構造になっている。

中心窩という工夫

このままでは、ヒトの反転網膜は出来損ないの構造ということになる。しかし、そこに解決策を講じているのが生き物の素晴らしいところだ。

ヒトの網膜の中には少し窪んだところ、中心窩《ちゅうしんか》がある。

中心窩付近では、入射光の遮蔽物になっていたアマクリン細胞、水平細胞、双極細胞、神経節細胞の密林が横に倒されている。行く手を遮る邪魔な密林が倒されているので、光はスイスイと視細胞の外節にまで到達できる。

ヒトの視細胞には、錐体《すいたい》細胞と桿体《かんたい》細胞の二種類があり、錐体細胞は主に明るいところで働き、桿体細胞は主に暗いところで働く。また、錐体細胞は色の認識にも関わっている。

ヒトの眼では、明るいところで機能し、色覚にも関わる錐体細胞を、網膜の中で光を最も効率良く受け取ることができる中心窩に桁違いに多く配置している。視野の中でシャープな像を結んでいるのは、中心窩で捉えた外界の世界だ。網膜の中の一箇所を重点的に強化しているわけだ。これは、網膜中心重点主義とも言われ、反転網膜の短所を補う見事な戦略である。

似て非なるもの

脊椎動物の反転網膜で、視細胞からの光情報は視神経を介して大脳に送られるが、その前に少し調整が必要になる。その働きを担うのが、光の侵入を邪魔するように配置されたアマクリン細胞、双極細胞、水平細胞なのだ。

ある錐体細胞の反応は抑制し、別の錐体細胞の反応は抑制しないという操作があれば、見ているモノのコントラストがより強調され、明瞭に視認できるようになる。アマクリン細胞、双極細胞、水平細胞はこのような光情報のチューニングを行なっている。チューニング済みの光情報が大脳に送られるのである。

チューニングも視覚情報処理の一つの過程なので、アマクリン細胞、双極細胞、水平細胞は一種の脳として働いているようなものだ。網膜の中に脳の出先機関があるとでも言おうか。

タコはどうだろうか。

ヒトの網膜に見られたアマクリン細胞、双極細胞、水平細胞はタコの網膜では見当たらない。タコでは、アマクリン細胞、双極細胞、水平細胞は視葉の中、その眼球側に配置されている。タコの視細胞の光情報をチューニングする細胞たちは、眼球のすぐ近くに配置されているのだ。

発生の過程で、ヒトの眼は脳の一部から形成されるが、タコの眼は表皮《ひょうひ》から形成される。そのため、前者では脳の機能の一部が網膜にあり、後者では脳の機能は網膜にはなく、視葉に配置されている。また、網膜の中での視細胞の配置の違いも、このような両者の発生過程の違いを反映したものである。

見た目に似ていてもその起源は異なる。タコは、ヒトと形がよく似た眼を違う材料で作り上げているのだ。喩えて言えば、加工食品の傑作、魚肉ソーセージのようなものか。似て非なるものがタコとヒトの眼なのである。

プラスワンの機能と不可解なマイナス

タコの眼にはヒトの眼にはない機能が一つある。偏光《へんこう》を感知できるのだ。偏光というのは光の構造の一つである。光を波として捉えた場合、波を輪切りにすると様々な方向があり、その様々な方向をもつ波が合わさり光として眼に入射している。その波の向きが一定の方向に決まっているのが偏光であり、タコはそれを感知することができる。ヒトの眼は偏光を感知できないので、偏光を日常的に実感することはない。

タコの視細胞の頭部には、微絨《びじゅう》毛《もう》という極小の筒が規則正しく配列した感桿《かんかん》という構造がある。感桿は偏光の受容に機能していると考えられている。

自然界では、表面が偏光しているものがあり、偏光眼《へんこうがん》はそのようなものの検出に機能する。例えば、寿司屋で光《ひか》り物《もの》と言われるサンマやイワシといった魚は、キラキラと光る体《たい》側《そく》が偏光している。タコの親戚のイカも偏光眼の持ち主だが、イカは魚の偏光を感知し捕食しているという研究報告がある。タコが同じことをしているかはわからないが、海の中では様々に偏光するものがあるだろうから、外界の視覚的な認知に偏光が少なからず寄与しているだろうと思われる。偏光の感知は、タコの眼に見られるプラスワンの機能と言える。

一方で、不可解なこともある。私たちが外界を見るとき、そこには色がついている。色覚である。色覚異常といった障害をおもちの方もおられるので、ヒトの視覚世界には多様性があるが、概して私たちはカラーの世界に生きている。

タコはどうだろう。鮮やかに体色を変え、立派な眼をもっていることから、当然彼らもカラーの世界に生きているだろう。そう考えるのが自然である。

しかし、違う。タコは色覚を欠く動物なのだ。

そもそも私たちが色を認識するのは、視細胞の働きによる。二種類の視細胞のうち錐体細胞には複数の種類がある。つまり、赤色の光に反応するもの、青色の光に反応するもの、緑色の光に反応するもので、それぞれ赤錐体、青錐体、緑錐体という。錐体の中には視物質が入っているが、これら三種の錐体では視物質の種類が違う。

中学校の理科に戻って復習すると、色は光の波長《はちょう》の種類である。波長は光を波と捉えた時、波の山一つ進んだ時の長さで、この違いが色を分ける。

虹は七色から成るが、短い波長は紫、最も長い波長は赤である。七色といっても、実際には、連続的なものなので、黄色に近い青色とか、青色に近い緑色など、色はさらに細かく分けることができる。色が見えるということは、この光の波長の違いを識別できるということだ。

ヒトの錐体細胞は、赤の波長、青の波長、緑の波長に感度が高い。そのため、これら三色は見分けられる。さらに、赤、青、緑を組み合わせればあらゆる色ができる。小学校の図工で使った水彩絵の具を混ぜ合わせるのと同じである。光の三原色《さんげんしょく》として知られるところだ。

これに対して、タコの視細胞は桿体細胞、錐体細胞という種類はなく、一種類のみの細胞であり、その中に含まれる視物質も一種類のみだ。これだと、一つの波長にしか感度をもたない。タコの種類にもよるが、それはおおよそ四七〇ナノメートル強の波長で青色だ。

それなら、タコは世界を青色だと認識しているのかというと、必ずしもそうではない。青色は私たち色覚をもつヒトが見て感じる世界であり、青色にしか感度をもたない眼で世界を見たときにそれがどのように知覚されるのかは、最終的には脳での処理に依存する。

そもそも脳自体がタコとヒトでは異なるので、タコの見る世界をヒトがビビッドに感じることは難しい。

色覚を欠くのはタコの親戚のイカも同じである。彼らも体色変化の艶やかさではタコに引けを取らない。美しいとさえ感じさせるイカもいる。しかし、当の本人がその色を感知できないとは、なんとも勿体ない気がする。

例外とされるのは、深海性のホタルイカで、彼らの視細胞には異なる種類の視物質があり、どうやらカラーの世界に生きているようだ。もっとも、光がほとんど届かない深海で色が見えたとして、一体どのようなメリットがホタルイカにあるのか謎めいている。

また、タコの中でもスナダコは色を見分けられるという研究報告もある。これは、学習実験を利用したもので、異なる色の刺激を見分けられるというものだ。

前章の観察学習では、マダコに赤と白の玉を見せていたが、タコはそれらを見分けていた。一見すると、色覚をもっているようだが、私たちが感じる色の違いを、タコは明るさやコントラストの違いで見分けていると考えられている。正確な喩えではないが、カラー写真を白黒でコピーしても私たちはそこに写っているものを理解することができる。そこに写る風景や物の明るさ、コントラストの違いを情報としているのだ。黒澤明監督の名作『七人の侍』は白黒映画だが、そこで活写される人々を私たちは正確に認識し、感動を覚える。必ずしもカラーでなくとも世界を見ることはできる。

とはいえ、タコが色覚を欠いていることは、機能の少なさという点からは不可解なマイナスと感じられる。

感じる視線

誰かの視線を感じることがある。そう感じて顔をそちらに向けると、こちらをじっと見つめる眼に気づく。そういう経験は多かれ少なかれ、誰しもにあるのではないだろうか。それが熱烈な愛情ゆえのものにしても、はたまた憎悪ゆえのものにしても、視線を受けたときの感覚は独特で、明確に認識できるものである。これは人間世界での話だが、実は動物がヒトに向ける視線もある。身近なところではネコだ。

拙宅の庭を横切るイエネコは、私の動きに警戒してピタリと動きを止める。そして、こちらをじっと見ている。安全を確認してソロソロと歩み去り、再び静止してこちらを窺う。真昼であれば、彼らのまん丸な瞳が遠方からでもこちらに向けられているのがよくわかる。ネコが私をじっと見ているのだ。そして、私の眼もネコに向けられている。私とネコの眼が合っている。

熱い視線をヒトに送る動物がいる。タコだ。

私たちの研究室では、研究対象のタコを近くの海に獲りに行く。これは沖縄という地に大学を構える琉球大学のメリットだ。研究する対象の動物も植物も、近くの海や山に暮らしている。すぐに彼らに会うことができる。

全国的に話題となっている米軍普天間《ふてんま》飛行場を擁する宜野湾市《ぎのわんし》。そこに位置するぎのわん海浜公園にトロピカルビーチがあり、近くに岩礁帯が広がっている。

時に上空にパタパタとオスプレイの音を聞きながら、私たちは海水に浸った岩礁の上を歩いて行く。デコボコした足場にひんやりとした心地よさを感じつつ、何かに見られている感じがする。ふと足もとを見ると、岩礁の小さな隙間から何かがこちらを覗いている。タコだ。コブのように盛り上がって見える二つの眼が、まるで潜水艦から海面に出された潜望鏡のように、しっかりとこちらを見ている。

「おお、タコか。」

私がよく見ようと顔を近づけると、件のタコはヒュッと頭を岩礁の隙間に隠してしまう。それはそうだ。変わらず私を見続けていたら、そのうちに捕まってしまう。逃避は野生に暮らす動物の専売特許だ。

タコのことはすぐに忘れて顔を上げれば、目の前には青い海が洋々と広がっている。ああ、沖縄の海だなあ。生産力が高く、やや暗色の蒼《あお》さをたたえた北海道の海とは随分違う熱帯の海を見て、私は高校生の頃にヒットしていた松田聖子《まつだせいこ》の『青い珊瑚礁《さんごしょう》』を脳裏に鳴らしてみたりする。

ふと、足下に何かを感じる。再び下を見ると、先ほどの岩礁の隙間から件のタコが眼だけを出して、じっとこちらを窺っている。どうやら、よほど私のことが気になるらしい。さっさと遠くへ逃げれば良いものを、同じ場所に身を潜めて再度こちらに視線を送ってきたのだ。その好奇心というか、したたかさというか、視線に凝縮されたタコの振る舞いに、一時、研究者としての立場を忘れて目の前の風景に浸っていた自分を強く自覚させられたのであった。

タコの集中力、恐るべしである。

視線は何を語るのか

中心窩は反転網膜をもつ脊椎動物の見事な戦略だと述べた。

タコはどうだろう。視細胞が入射光の方向に向いた真に効率のよいすっきりしたつくりの網膜なので、中心窩などという構造をつくる必要がないように思う。しかし、先に紹介した、じっとこちらを見やるタコの視線。その様はまるで人間のようである。

凝視という行動特性は、中心窩があるが故のものではないだろうか。それならば、タコの網膜にも実は中心窩があるのだろうか。

クイーンズランド大学（オーストラリア）のクリストファー・タルボット博士とジャスティン・マーシャル博士は、ワモンダコの網膜を解剖学的に調べ、視細胞の分布を描いた。それによれば、網膜の中で視細胞が水平方向に帯状に高密度に分布する領域が認められた。中心窩はその名の通り、ヒトでは窪んだものとして観察される。窩とは「あな」という意味があるので、本来はヒトの網膜に見る中心窩がわかりやすい構造だ。一方で、中心窩は視細胞の密度が非常に高くなっている場所なので、動物によっては帯状になっていたりする。

中心窩で外界を精度よく見ているとするなら、それは動物の行動特性を反映しているはずで、当然、ヒトとは違ってくる。海の底に座していることが多いワモンダコの場合なら、水平方向に海を見渡し、近寄る捕食者あるいは餌生物を視認《しにん》しているだろう。そのような動物にとって、水平方向に帯状に視細胞が高密度に分布していれば、捕食者や餌生物を見つけるのに都合が良い。タルボット博士とマーシャル博士の見解だ。

中心窩について調べることは骨が折れる。網膜全体にわたり視細胞を数えなければならないからだ。ここで紹介したワモンダコの網膜だが、一平方ミリメートル当たりに五万個から九万個近くの視細胞が分布している。一平方ミリメートルとは一辺が一ミリの正方形だが、顕微鏡で拡大すれば途方もなく大きいエリアだ。だからこそ何万個という視細胞がそこに見られる。その細胞の数を一つ一つカウンターを片手に数えるのだ。しかも何箇所にもわたり数えるのだ。光学顕微鏡標本の作成も必要で、時間と手間がかかる工程だ。

骨が折れる作業を伴うだけに、タコの中心窩についての研究は論文が少ない。一方で、研究例が少ないことから、その実態はまだまだ摑《つか》みきれていないとも言える。大変な仕事であることは承知だが、タコの眼についての徹底解剖に私の研究室も挑戦したいと思っている。

腕で考える動物

普段、意識することは少ないかもしれないが、私たちは触覚からも様々な情報を得ている。ザラザラした感じ、ヌルヌルした感じ、あるいは硬い、柔らかいといった感覚。これらは手で触り、足で触れて得られる触覚である。視覚に障害を負った方は、点字という小さな凸状の点の配置を文字として、指で触って読むことができる。これも触覚である。

タコも触覚を使う。これまでタコは視覚の動物と呼ばれることを述べたが、彼らはまた「腕で考える動物」とも言われる。そのことを見てみよう。

吸盤という名のセンサー

タコの腕について、吸盤はその名の通り吸着器官として機能する。他方、腕にはもう一つ重要な役割がある。触覚器官としてのそれである。

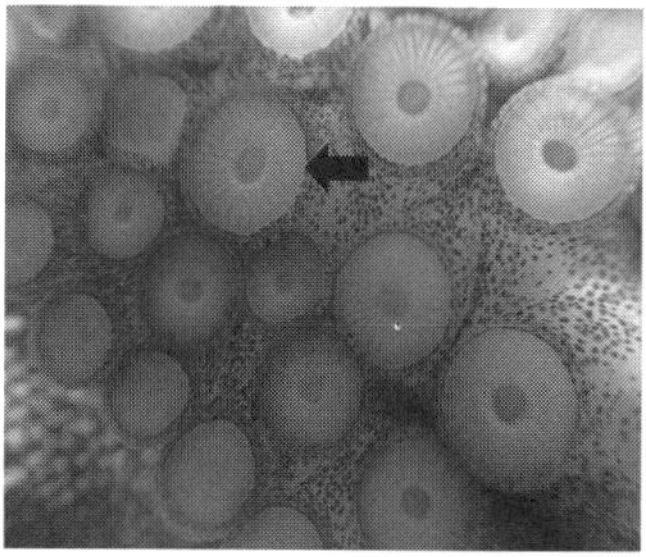

図3-7　タコの吸盤。円盤部分（矢印）に受容体細胞が分布する（写真はヒラオリダコ。撮影　川島菫氏）

タコの吸盤で最初にモノに接着する部分は円盤部分であるが（図3－7）、ここの上皮の中には受容体細胞が分布している。受容体細胞は味などの化学刺激と触り心地などの機械刺激を受け取る細胞で、ここで受け取られた情報は腕の中を通る神経節細胞を介して脳へ送られ、情報処理される。

タコの八本の腕を全部合わせると、二億四千万個もの受容体細胞が分布している。また、情報を伝える細胞である神経細胞は、タコの体全体では約五億個あるが、そのうちの三億個は腕の中心を走る神経節細胞である。

つまり、タコでは脳よりも腕により多くの情報伝達装置が配置されていることになる。タコの腕は非常に高感度のセンサーということができる。

さらには、タコの腕の動きは、必ずしも全てが脳で処理されているわけではなく、腕の末梢《まっしょう》神経系《しんけいけい》にプログラムされている。例えば、何らかの目標に向かって腕を伸ばすといった動作は、運動パターンが決まっており、その動きは腕の神経で制御される。仮に、タコの脳を江戸時代の徳川幕府とすれば、腕は全国に散らばる藩といったところだろう。幕府は当時の日本を治めていたが、各地方の政《まつりごと》はそれぞれの藩が担っていた。藩は小さな国のようなものだ。生涯をその藩の領域の中で過ごした民も多くいただろうし、むしろそれが普通であっただろう。その後、幕藩体制は革命により崩壊するが、タコではそのような維新は起きていないようだ。

タコの触覚が如何《いか》ほどのものかという点については、既に前章の学習のところで紹介した。円筒に溝が掘られた物体をマダコが腕で触って学習し、類似のものを識別できるというものだ（第二章図2－2）。具体的には、掘られた溝の本数の相違、おそらくはその相違によりつくり出される表面形状の違いを識別できるというものである。ただし、溝が掘られた方向までは識別できないし、重さの違いも腕では識別できないようである。もっとも、これはヒトが設定した学習実験の刺激であり、これらの形状識別の能力をもってタコの触覚を詳《つまび》らかに語ることはできない。溝が掘られた円筒は、かなり限定された触覚刺激である。

タコの感覚については視覚に多くの研究例を見ることができる。マダコの図形の弁別による視覚学習は、様々な図形でテストされている。また、回り道問題として知られる学習試験は、廊下で隔てられたガラス張りの二つの部屋をタコに見せ、餌が置かれた部屋にタコが到達できるかを観察したものだ。廊下の壁は不透明なので、タコが部屋の外から見た情景を理解し、それをもとに探査しないと正解の部屋にはたどり着けない。これも視覚による学習を見たもので、実際にこの実験ではタコの片方の眼を外科手術により遮断してしまうと、タコは餌が置かれていない不正解の部屋に行くというミスを犯す。観察学習も視覚に依存したものだ。

どうもタコの研究では視覚が注目されていた観があるが、これもまた仕方ないことである。無脊椎動物という分類群にありながら、ヒトとよく似た眼をタコはもっている。それがどのくらい機能するのかを調べようとするのは、自然な発想と言えるからだ。

また、視覚に関する情報は実験装置の中に取り入れやすい。形、大きさ、色など、実に多くの情報があり、それを人為的に表現することは比較的容易だ。これが触覚となると案外難しい。凹凸、滑らかさなどはすぐに思いつくが、その他となるとポンポンとは出てこない。

しかし、こうした研究の背景は、タコにおける重要な事柄への注目度を下げた、あるいは見落とすことに繋がったかもしれない。それは「腕で考える動物」であることについてである。現在進行形の私たちの研究を題材にこの点を紹介しよう。

禁断の果実

ことは私の研究室で始めた学習実験に遡る。遡るとは言っても、そんなに昔の話ではない。

私の研究室では頭足類の行動研究を主眼としてきた。しかし、タコとイカを並べてみると、その研究対象はイカの方が多かった。それは、私がもともとスルメイカというイカで研究のキャリアをスタートさせたことから、イカへの関心が高かったことと、中でも群れをつくるタイプのイカを対象とした社会性に関する事柄に殊更強い興味を覚えていたからである。

一方で、タコには無関心かというとそうではなく、大学院で研究を始めた頃からとても気になる存在であった。そのあたりのことは本書の「まえがき」で触れた通りである。

私のタコへの関心は、むしろ憧れであった。

タコについては英国のJ・Z・ヤング教授を中心とした、重厚な研究の歴史があった。中でも、地中海のマダコを対象とした学習研究はその象徴で、研究の舞台となったナポリの臨海実験所アントン・ドールンとともに、私には燦然《さんぜん》と輝いて見えた。

私にとってはタコといえば学習であり、ヤング学派であり、ナポリであった。そこに手を加えるなど畏れ多くてできない。いや、既にやり尽くされたテーマに今更参画することもないだろう。タコの最も気になる特性である知性を調べることは、いつしか私の中で禁断の果実になり、触れてはいけないものになっていった。

しかし、果実はあっけなくポロリと落ちた。タコの学習実験は、意外にシンプルなものだったのだ。

それは、私が監修を頼まれた衛星放送の番組のビデオを見ている時に訪れた。番組では、マダコで観察学習を発見したグラツィアーノ・フィオリト博士が紹介されていた。その中で、マダコに赤玉と白玉を見せるオペラント条件づけ実験が行なわれた。最初に私の目を惹いたのは、実験水槽が小さかったことだ。いや、それは水槽というよりはトレーのようなものだった。

そして、さらに私を驚かせたのは、実験のやり方である。実験道具は、透明な細い棒の先にピンポン球くらいの大きさの赤い玉、あるいは白い玉がついたもの。それらをフィオリト博士が左右の手に一本ずつもって、ヒョイッと水槽の中に入れ、タコに見せたのだ。

「えっ、こんなにラフなの？」

私は、機械で制御されたもっと大掛かりな実験装置を思い描いていた。それが、こんなに小規模でアナログなものなのか。ナポリで行なわれていたマダコの学習実験の風景は、私にとって親近感をもてるものだった。

「これならうちの研究室でもできる。いや、やってみたい。」

マダコで観察学習を見出したフィオリト博士の実験動作を観察学習したからか（?）、私は兎にも角にも沖縄のタコで学習実験をトライしてみたくなった。

かくして、禁断の果実は鋏《はさみ》を入れるべき果実へと変わった。私はタコの本丸に切り込むことにした。

三代にわたる学習研究

学習といっても色々とあるが、まずはマダコで多く行なわれたオペラント条件づけを沖縄のタコでやってみようと考えた。理由は既に述べたように、棒の先に赤玉や白玉をつけてタコに見せるという、とても容易な方法をマダコで採用していることを知ったからである。

三代にわたる卒研生が研究の担い手になった。

最初にこの課題に取り組んだのは、学部四年生の竹井《たけい》海衆《かいしゅ》君だった。竹井君は水の都として知られる福岡県柳川《やながわ》市の出身で、名門伝習《でんしゅう》館《かん》高校に学んだ武道家。バク転を得意とする。

私は竹井君に、件の番組で見たナポリでの実験の様子を伝え、同じようにオペラント条件づけを試してみることを勧めた。

早速、竹井君は透明アクリル棒に白玉を取り付け、タコに学習させるターゲットを工作した。そして、来る日も来る日もこれをタコに見せ、タコが触ったら餌をあげるということを繰り返していった。実験対象としたのはウデナガカクレダコ（口絵⑫）。沖縄の海ではよく見かけるタコだ。

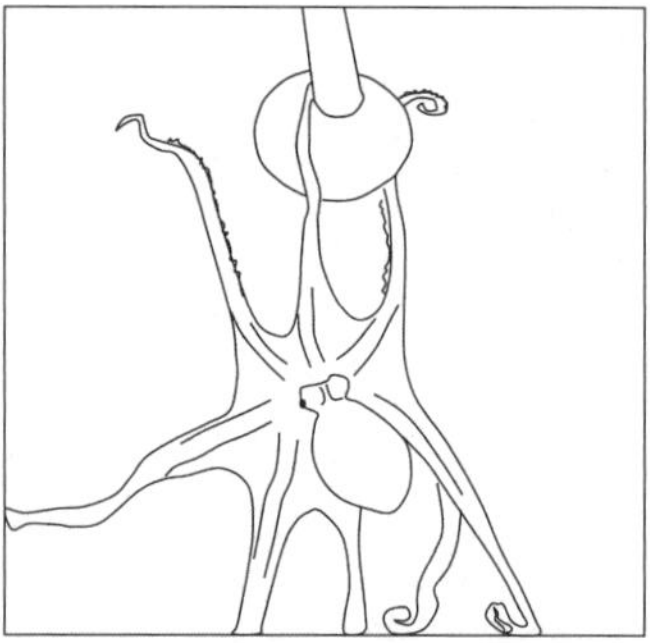

図3-8　白玉を触るウデナガカクレダコ

ウデナガカクレダコに白玉を見せる作業は根気のいるものだ。毎日、毎日、同じことを行なう。勿論、日々餌を与え、水槽を掃除し、タコの世話もする。竹井君はひたむきにタコに白玉を見せ続けた。そして、ついに白玉を見せるとタコがそれを触るようになった（図3－8）。オペラント条件づけの成功である。

「いける。」そう感じた。竹井君が先陣を切り、熱帯性タコ類を対象とした知性研究の門を開けてくれた。最初のトライとしては上々の滑り出しだ。

翌年、竹井君に続いてタコの学習研究に取り組んだのは、地元沖縄の伝統校、那覇《なは》高校出身の才女で竹井君の一年後輩、学部四年生の吉川沙紀《よしかわさき》さん。

次なる課題として、新たな実験方法の検討を行なうこととした。

学習研究の花形といえばチンパンジーだ。進化の隣人とも言われる彼らについては、より洗練された方法で学習が調べられている。その一つがコンピューターースクリーンを使った実験である。スクリーンに複数の数字が映し出され、それを大きい数字の順に指で押していくというものだ。指で数字を押さえ始めるとスクリーンの数字は消えてしまうので、数字の場所も覚えておく必要がある。他にも、スクリーンに特定の場面を映し出し、その文脈をチンパンジーが理解できるかといった、複雑なことも行なわれている。

同じことをタコの学習研究にも導入できたら面白い。私には一案があった。

以前にフランスから大学院生のマチュー・ギュベ君を研究室に迎え、一緒にイカの実験をしたことがあった。ある時、マチュー君が「イカにアイパッドを見せて実験したら面白いのではないか」と言い出した。アイパッドはアップル社の小型コンピューター端末で、世に多く出回っているものだ。なるほど、それなら手軽に実験に使えるし、色々な映像を出すことができる。

マチュー君は大のアニメ、漫画好き。日本の作品も大好き。異色の受験漫画『ドラゴン桜』のこともマチュー君は詳しく知っていた。そんな彼だからこその発想か、アイパッドの導入はナイスアイデアだ。

それをここで投入することにした。アイパッドに学習する図形を映し出し、ウデナガカクレダコに見せるのだ。もしもうまく行けば、いずれはチンパンジーで行なっているような実験ができるようになるかもしれない。

私は吉川さんにアイパッドを使った学習実験を提案した。

早速、吉川さんは白玉が映し出されたアイパッドをウデナガカクレダコに見せたかというとそうではない。そこは才女である。当時、博士課程の学生であった安室春彦《やすむろはるひこ》君（現神戸動植物環境専門学校課長）からの助言もあり、吉川さんは熟慮した。

いきなり電子モニターの画像をタコに見せても反応しないのではないか。私たちと違って彼らはテレビもコンピューターもない世界に暮らしている。電子モニター画像の白玉というバーチャルなものを理解できないのではないか。電子モニターを学習実験に導入するなら、まずはタコをそれに慣らしていく必要がある。

そこで、吉川さんは一計を案じた。まずは竹井君と同じようにリアルな白玉をタコに見せ、次に白玉の写真をタコに見せる。そして、その次には白玉の周りに黒いフチがついた写真をタコに見せる。最後に、アイパッドに映し出した白玉をタコに見せる。

つまり、リアルな白玉からバーチャルな白玉へと、タコに学習させるターゲットを段々に変え、タコを電子モニター画像に慣らしていくという戦法だ。なるほど、こちらの方が成功の可能性が高そうだ。吉川、安室、二人の知者の考えは首肯できるものだった。

吉川さんはステップ・バイ・ステップの学習実験を進めていった。この実験でも根気が必要なことに変わりはない。来る日も来る日もタコに図形を見せ、報酬の餌を与える。竹井君と同じく、吉川さんもこの作業を続けた。

そして、ついにウデナガカクレダコがアイパッドのモニターに腕を伸ばした。成功である。コンピューター端末をタコの学習研究にも導入できた。

なお、このステップ・バイ・ステップの実験方法は、後にタコの認識する世界を考える上で重要な意味をもつことになるが、それは今しばらく先の話。

さらに翌年、ウデナガカクレダコの学習研究は、吉川さんの一年後輩、学部四年生の川《かわ》島菫《しますみれ》さんにバトンが渡された。川島さんは、甲子園春の選抜に出場し、夏の大会地区予選で二年連続準優勝した文武両道の東京都立小山台《こやまだい》高校の出身で、ホルン奏者のリケジョ。

卒論生三代にわたって進められたタコの学習研究は、一つの区切りをつけた後に意外な方向へと発展することになる。以下はその話。

学習からタコの感覚世界へ

三代目の川島さんは、二代目の吉川さんの方法を踏襲し、立体図形、図形の周りに黒いフチをつけた平面の図形、アイパッドのスクリーンに映じた図形という三種類で学習を調べて行った。図形も丸だけではなく、十字など別のものも導入した。

また、図形を見せる距離も近くから、遠くからと難易度を変えるバージョンも用意した。さらには、学習した図形を他の図形から見分けられるか、学習した図形と学習していない図形の二つをスクリーンに映して、テストしてみた。ウデナガカクレダコはこのような課題をまずまずの成績でクリアーした（図3-9）。どうやら熱帯域に暮らすタコも、マダコと同じような学習能力をもっているようだとひとまず結論づけた。卒論生三代にわたる一連の成果は、二〇二〇年に生物学の専門誌『バイオロジカル・ブレティン』に掲載された。

図3-9　アイパッドに映る２つの図形のうち、既に学習した方の図形を触るウデナガカクレダコ

さて、川島さんは大学院の修士課程に進学し、熱帯性タコ類の学習研究を続けることになった。そこでは、ヒラオリダコという種も新たに対象として学習実験を進めた。聞きなれない名前のこのタコについて少し紹介したい。

このタコの学名は*Callistoctopus aspilosomatis*という。学名はラテン語表記で、属名と種小名を並べて表記するもので、「○○という属に所属する○○という種」というラベルである（第一章参照）。このタコの場合は、*Callistoctopus*属に所属する*aspilosomatis*という種ということになる。

学名は全世界共通の名前で、対象とする生物を正確に言い表すものである。学名に対して、ウデナガカクレダコやマダコという名前は標準和名と呼ばれるもので、日本国内だけで通じる。学名のような権威はないが、日本語で短く表現できるので便利だ。

*Callistoctopus aspilosomatis*には和名がなかった。海外の研究者がこのタコを新種として記載したため、和名がなかったのだ。種小名の*aspilosomatis*の由来は、このタコが他の種でよく見られる白い斑点を外套膜に欠くことから、*aspilo*（plain）*somatis*（body）である。そこで、plainの持つ意味「無地の、平織《ひらお》りの」から「ヒラオリダコ」と私たちが命名した。これは標準和名として認められているものではないので通称ということになるが、着物の平織りを取り入れたなかなか良い名前だと私は思っている。実際にこのタコは、佐賀県唐津《からつ》焼《やき》の特徴とされる花赤《はなあか》のような清楚な感じの赤色の体色を見せる（口絵⑬）。

ヒラオリダコで行なった学習実験について、動物行動学の学会で発表しようとしていたときのことだ。川島さんが少し怪訝そうな顔でデータをもってきた。データをどう捉えたものか。川島さんは考えあぐねていた。それによれば、ヒラオリダコに立体的な十字図形、紙に描かれて黒いフチを付けた平面的な十字図形、コンピューターバースクリーンに映し出した十字図形と順を追って学習させると、タコは一つ一つクリアーし、それぞれの図形に触るようになる。ところが、コンピューターバースクリーンに映し出した十字図形から始めると、タコはあまり図形を触らず学習の規定に達しないというのだ。

これはどうしたことか?

タコが生きるワンダーワールド

川島さんが机の上に並べたデータを眺め、一つの考えが私の心にひらめいた。

「タコは触らないと覚えないのではないか。」

立体的な十字形にしろ、平面的な十字形にしろ、タコはそれら図形を見ると同時に必ず触っていた（図3－10）。図形に触ると正解と設定しているので、当然といえば当然である。

しかし、これがコンピューターバースクリーンとなると少し違う。この場合も、スクリーンに映った十字形をタコが触れば正解なので、一見同じに見える。しかし、よく考えると、タコが触っているのは十字形ではなくコンピュータースクリーンである。画面に映し出された十字図形は電子的な信号であり、言ってみればバーチャルなものだ。それを触っても感じられるのは十字形ではなく、コンピューターの画面である。実際には、コンピュータースクリーンは透明な水槽壁の外側に設置しているので、タコが触っているのは水槽壁である。

図3-10　立体の十字図形に触るヒラオリダコ（撮影　川島菫氏）

これに対して、立体的な十字図形はリアルなものだ。二本の棒が交差したものであり、交差部分は直角で、縦横に伸びる部分は直線だ。棒には厚みもあれば縁もある。それら形の特徴は視覚的にも認識できるものだが、触ることによっても認識できるものだ。少なくとも、私たちヒトではそうだ。

私たちがモノを認識するとき、視覚的なイメージに加えて触覚的なイメージも湧き起こることがある。つまり、触り心地である。例えば、タワシを見たときに少し湾曲した形を認め、タワシに触ればトゲトゲした触り心地を感じる。ミカンであれば、皮をむくときのサクサクとした音や食べたときの少し酸っぱい味も感じることができる。聴覚と味覚のイメージだ。私たちはモノを認識するときに、多くの感覚を使っている。多《た》感覚《かんかく》である。

さらに、一つの感覚から別の感覚が誘起されることもある。前述のように、ミカンを見てその味を思い起こすことがある。目をつぶってタワシを触り、タワシを思い浮かべることもできる。視覚イメージから味覚イメージへ、触覚イメージから視覚イメージへ、である。このように、異なる感覚が交差するように対象を感知することをクロスモーダル認知という。ヒラオリダコの学習で見られた不可解は、クロスモーダル認知を現すものではないか。

動物により、モノの認識に用いる感覚は異なっている。私たちヒトの場合は視覚に多くを依存しているが、そうでない動物もいる。コウモリは聴覚に多くを依存していることは本章の最初に述べたところだ。このような違いは、その動物の行動特性とよく符合している。クロスモーダル認知は、ヒトに限らず、サル、イルカ、サカナ（電気魚）など広範に認められている。

タコはどうか。

立派なレンズ眼をもっているので視覚の動物だ。一方で、高感度センサーである腕を八本ももっており、腕で考える動物でもある。確かに、タコは腕をよく動かしている。ときにニュルニュル、ときにピンと伸ばし、とにかく腕をよく動かしている。その長い腕で、モノに触り、吸盤を張り付かせている。これは、モノをつかんで自分のところに引き寄せる目的もあるが、モノ自体を腕で触ることで探査する目的もあるのではないか。いや、それをしないと、タコはモノを認識することができないのではないか。

つまり、それまで経験のない新規なモノについては見るだけではダメで、触ることで初めて自分の脳にそのイメージをつくることができるのではないか。触り、見て、そのモノのイメージが脳内にできあがると、その後は、見ただけでそのモノを認識できる。「ああ、十字形か。それならあんな触り心地だったな。」こんな具合である。

立体、平面、モニター画面と段階を踏んだ場合は、タコは見て触る経験を経ている。だから、バーチャルな十字形でも触って学習できた。ところが、何の経験もなくモニター画面の十字形を見せられても、それを触って形の特徴を認識することができない。そのためうまく学習できない。そう考えれば、ヒラオリダコの学習成績は合点がゆく。

つまるところ、タコが経験している感覚世界は、かなり触覚に依存したもので、これを抜きには成り立たないようなものかもしれない。触ることと見ることがセットになり、初めてタコは特定のモノのイメージを脳内につくり出すことができるのかもしれない。そんなクロスモーダルな世界にタコは生きている可能性がある。

考えてみれば、ナポリを舞台としてヤング学派により進められたマダコの学習実験でも、タコは学習する対象に常に触っていた。視覚学習の実験では、確かに様々な形状の図形がタコに提示され、タコはそれらを学習するように仕向けられた。ただ、その場合の正解とは、タコが正解の図形に触ることであった。見た後に必ず図形に触っていたのだ。

触覚学習の場合はもっとはっきりしている。タコは正解である溝の掘られた筒を触っていた。ここでは視覚は用いられていない。少し可哀想だが、外科的に視覚を遮断する措置までとられていた。別の言い方をすれば、マダコに純粋に視覚だけを用いた学習をさせるという試みは行なわれていなかった。

これについて、一つだけ研究報告がある。ウェルカム医学史研究所（英国）のアン・アレン、ジョン・ミッチェルズ、J・Z・ヤングは、マダコの視覚記憶と触覚記憶の関係を調べた。

視覚刺激（白色の球）とネガティブな結果（摑むと電気刺激が与えられる）、触覚刺激（表面に凹凸のある透明な球）とポジティブな結果（摑むと餌が与えられる）をマダコに学習させる。その後、ネガティブな視覚刺激とポジティブな触覚刺激を組み合わせ（白色で凹凸のある球）、それをタコに提示する。つまり、視覚的には不正解で、触覚的には正解というわけだ。このような球をタコは触ろうとしないという。触覚に依存する行動が、視覚に依存する刺激により抑制されたのである。

これは異なる感覚として受け取られた情報が交換され、タコの行動を決めたと言える。つまりは、クロスモーダル認知がマダコで起きていることを示唆するものだ。この論文の題名は「タコの視覚記憶と触覚記憶の間で起こり得る相互作用」である（原題は英語）。論文は『水圏生物の行動学と生理学』という科学雑誌に一九八六年に発表されている。クロスモーダルという表現ではないが、発想としては同じものと言える。

ただ、これはマダコで行なわれた膨大な学習研究の中にあっては、大きな注目を集めることのなかった一編だ。さらに言えば、この論文で行なわれた実験においても、見ることと触ることとは完全に分離して扱われてはいない。マダコはネガティブな視覚刺激を触ることで罰を受け、ポジティブな触覚刺激を見て報酬を受けている。多感覚を扱う実験操作の難しさである。

学会を前にしたデータの検討会で、私と川島さんは大きな鉱脈への遭遇を感じていた。

「学習も大事だが、これはクロスモーダル認知を研究する方が先ではないか。」

目的を設定して始めた研究で、このようなことは得てして起こるものだ。相手は生き物であり自然である。その仕組みを知らないからこそ、私たちはそれを調べる。答えがわからないので、思わぬ事柄に出会うこともある。そして、それが真理に至る分岐点であったりする。川島さんと私は、そこを境に新たな道へ歩みを進めることにした。

川島さんは修士号を取得した後に、引き続き博士課程に進学し、タコ類のクロスモーダル認知の研究を本格化させた。タコのクロスモーダル認知をどう調べて行くか。川島さんを中心に進めている研究の中から一つだけ紹介しよう。

川島さんは、まず触覚に関わる腕について調べることにした。タコが腕をどのように使い、モノを触覚的に知覚しているかを把握しようというのだ。触覚そのものを直接調べる方法はいくつかあるだろうが、まずはそれに関わる効果器について観《み》てみようというもので、生物学者らしいセンスだ。

タコの腕の使い方については、ヘブライ大学のゲルマン・ソンブレ氏らがユニークな内容の論文を二〇〇五年に『ネイチャー』誌に発表している。対象としたのはマダコだ。

私たちヒトには骨がある。骨が体全体の骨格を作り、そこに筋肉がついている。骨と骨の連絡部位は関節であり、そこで腕や脚が曲がる。その動作で働くのが筋肉である。言わば、骨が体の形を作り、筋肉が骨を動かすことで腕や脚が効果器として機能できるようにしている。

これに対して、タコの腕の中には骨がない。腕に限らず、体のどこを探しても骨という構造がない。骨は生体鉱物《せいたいこうぶつ》とも呼ばれる硬い組織だが、タコにある生体鉱物は平衡感覚に関わる大きさが一ミリほどの平衡石《へいこうせき》と呼ばれるものだけである。軟体動物であるタコは、その体のほとんどが軟組織《なんそしき》の筋肉で構成されているのだ。

ところが、マダコの腕の動作は、あたかも関節があるかのように動くというのがソンブレ氏らの報告だ。マダコが餌を腕で捕まえてそれを口へ運ぶとき、腕は決まった箇所で折れ曲がる。具体的には、腕の根元側（口に近い側）で一箇所、腕の先端近くで一箇所折れ曲がる（図3－11）。つまり、折尺のように腕を決まった箇所で曲げるのである。

これは物体をある箇所から別の箇所に運ぶときに効率的なやり方である。私たちの腕もこの戦略を採用しているし、工事現場で見かけるショベルカーも同じである。腕がピーンとまっすぐに伸びたままでは、モノの運搬は難しく非効率なのだ。

骨がなく、理論的にはあらゆる動きが可能なタコの腕が、関節という制約のもとに動くヒトの腕と同じ動きをすることは興味深い。

同じという点では、既に紹介したタコの二足歩行もまさにヒトの歩行によく似ている。

何らかの同じ動作を行なおうとするとき、そのやり方が体のつくりが違うタコとヒトでよ

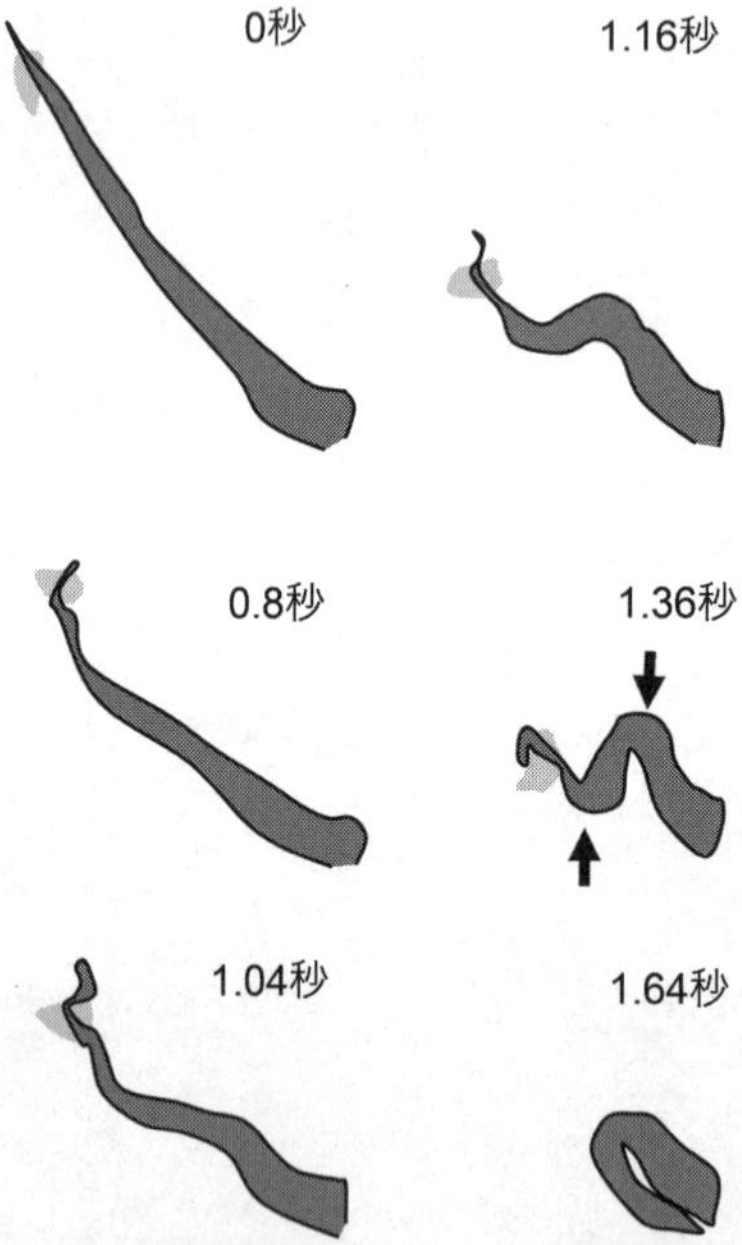

図3-11　餌を捕獲した時のマダコの腕の動き。矢印は腕が曲げられる箇所、灰色は餌、秒数は経過時間（Sumbre et al., Nature, 433, 595-596, 2005をもとに腕の部分のみを描く）

く似るというのは面白い。「皆考えることは同じ」という言葉はよく耳にするが、タコもヒトもやることは同じとも言える。

さて、川島さんの観察である。ヒラオリダコの動きを丹念に観察すると、腕の使い方について特徴が見られた。

水槽に立体模型を配置してヒラオリダコを入れる。そうすると、ヒラオリダコは水槽底を移動して行き、立体模型を腕で触りそれを包みこむような動作をする。それが何か調べているような動作である。

この動作をよく見ると、長い腕を全部均等に使うのではなく、腕の中央から根元にかけての部分を模型に接触させていた。そして、腕の中央から先端の部分には力が入っておらず、脱力している様子が見られた。タコは立体模型を腕の付け根の側で掌握しているようなのだ。私たちヒトで言うならば、肘から肩にかけての部位、つまり二の腕で箱を抱えているような感じだ。

また、立体模型を把握していない別の場面では、タコは長い腕を水槽底に這わせるようにして伸ばし、腕の先端が何らかの物体に触れると、腕先端を対象物に巻きつけ、続いて腕の根元側で握るように触れるという行動が見られた。これを川島さんは探査行動と名付けた。つまり、ヒラオリダコの探査行動は、腕の先端で地物を探り、そこに何かが触れると腕の根元側で詳細に探るというものだ。

少し似たような行動を私たちも行なうことがある。真っ暗な部屋に入ったときだ。そういうとき、腕を伸ばして指先に注意を払いつつソロリソロリと歩かないだろうか。ただし、指先が何かに触れたとき、それを私たちは二の腕でぎゅっと抱える動作はしない。この辺りは、ヒトとタコの触覚と視覚への依存度の違い、また腕のつくりの違いを反映しているのだろう。

熱帯性のタコ類を対象としたクロスモーダル認知の解明は、現在進行形のプロジェクトだ。それには今しばらくの時を必要とする。もしも納得のゆく成果が得られたならば、その詳細は機会を改めて紹介できればと思う。

巨大脳

ここまで、タコが経験する感覚世界について、視覚と触覚、そしてそれらを用いたクロスモーダルな知覚について、可能性も含めて紹介した。

このような感覚世界が生み出されるには、感覚に関わる受容器である眼、吸盤が大きな役割を果たしている。また、聴覚ということであれば、頭部に位置する平衡胞という器官が一役買っている。私たちヒトの耳に当たる器官だ。

ただ、これらの器官は外界から情報を受け入れ、それをある程度まで処理することはできるが、より高次の処理は別の器官が担っている。脳である。

脳は最上位に位置する情報処理器官で、動物にとって極めて重要なものだ。感覚の処理に留まらず、呼吸や恒常性など生命の維持にも関わっている。本章の最後に、タコの脳を見てみよう。

タコを他の軟体動物、いや無脊椎動物から大きく際立たせている特徴はその巨大な脳である。それは、脊椎動物の脳と比べても遜色のないものだ。

勿論、タコと鳥類、哺乳類などの脊椎動物では体のサイズが違う。ミズダコのような極めつけの大ダコもいるが（口絵⑧）、他のタコは概して体は大きくはない。

そこで、体重に対して脳の重量がどのくらいかという、相対的な脳サイズで異なる分類群の動物の脳を比較する。こうしてみると、タコの脳はカエルなどの両生類、トカゲなどの爬虫類《はちゅうるい》、そして魚類よりも体の割には大きな脳をもち、鳥類、哺乳類よりは小さな脳をもつことがわかる。これは、限られた種類のタコについてのデータなので、今後、より多くの種類のタコで調べると、少し様相が変わるかもしれないが、おおよそタコの相対的な脳サイズは、高等脊椎動物（鳥類、哺乳類）と下等脊椎動物（両生類、爬虫類、魚類）の間くらいとみて良いだろう。

なお、タコの親戚のイカの中には、高等脊椎動物のサイズに食い込むような脳サイズのものもいる。概して、頭足類は巨大脳の持ち主と言える。

図3-5で見たように、タコの脳は大きな左右の眼の間に位置している。私たちヒトの脳は一際大きな大脳《だいのう》と、大脳の下方に位置する小脳《しょうのう》、中脳《ちゅうのう》、間脳《かんのう》、脳幹《のうかん》から構成されている。このうち脳としてよく言及されるのは大脳だ。左右の両半球に分かれ、シワがよった球形の構造をした大脳は、教科書などでよく目にするものだ。脊椎動物の脳は、分類が異なると大きさや形状が少しずつ変わって行くが、基本的な脳の構成は同じである。

タコの脳は、脊椎動物の脳とは随分と形が違っている。まず、目立つのは左右の眼のすぐ裏側に位置する視葉である。そして、この視葉を頭の中央に向かって行くと大きな塊がある。これが脳の中央部分である。視葉と中央部分は軟骨《なんこつ》に包まれている。タコには硬骨《こうこつ》はないが、ヒトの大脳が頭蓋骨に包まれているように、タコの脳も軟骨に包まれている。どちらにとっても、脳は極めて重要な器官であることを物語っているようだ。

脳の構成は親戚のイカも同じである。大きさをみると、視葉が脳のかなりの部分を占めている。

私たちヒトの大脳は非常に大きな器官であるが、解剖学的にみると地球儀に描かれた国境のように五二個のエリアに分けることができる。ドイツの医師で医学者のコルビニアン・ブロードマン博士による脳地図である。個々の国に相当する脳のエリアは、視覚連合野、一次聴覚野などの領野《りょうや》である。これらは視覚や聴覚などの感覚、意識や感情などの高次の認知を制御している。脳の機能局在性と呼ばれるものだ。

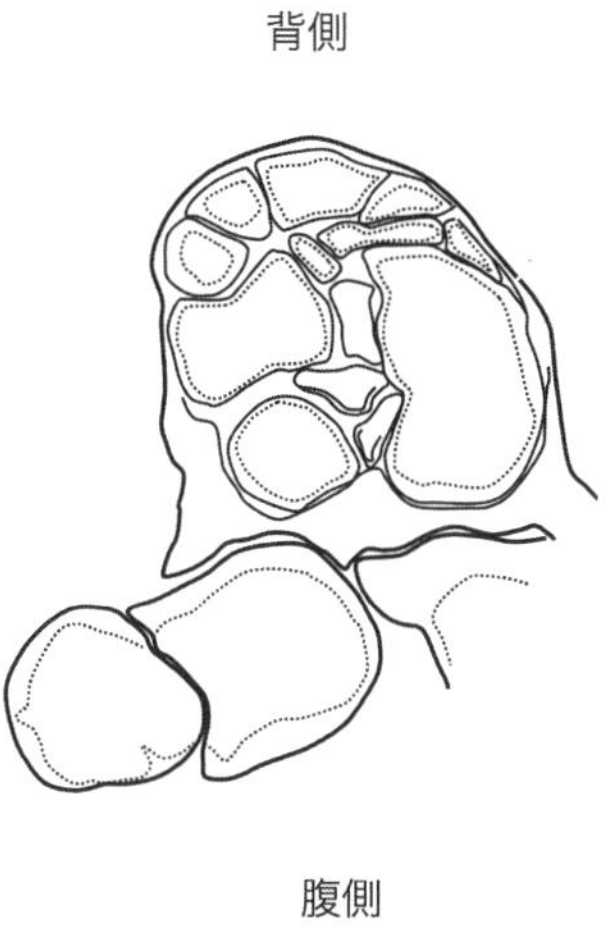

図3-12　タコの脳中央部分の断面模式図。幾つもの脳葉に分かれている

ブロードマンの脳地図と同じように、タコの脳も解剖学的特徴から異なるエリアに分けることができる。このエリアが脳葉であり、脳の中央部分は三〇種ほどの脳葉に分けることができる(図3-12)。タコとイカの脳の中でひときわ大きい視葉は脳葉の一つであり、

視覚情報処理に関わっている。ヒトの網膜にある双極細胞や水平細胞といった神経細胞が、タコでは視葉に分布していることは、本章の前半で述べた。

ヒトの脳と同じように、タコの脳にも機能局在性が認められる。それは、特定の脳葉を人為的に切除し、その後のタコの振る舞いを観察することで確かめられた。

例えば、垂直葉という脳葉は視覚的な学習と記憶に関わる脳葉だが、垂直葉を切除したマダコでは視覚的な学習ができなくなる。「まえがき」で触れた、英国のヤング学派がナポリを舞台に推し進めた、外科的措置による実験である。

巨大脳と言っても、マダコの脳の実サイズは決して巨大という訳ではない。マダコに麻酔をかけ、頭部の皮膚を切り、その下の軟骨を切り開き、やっと見えるややクリーム色をした脳の中の一部の領域を切り取り、開いた箇所を縫合する。まさに、外科医と同じ手技だ。こうしたスーパースキルが駆使され、マダコの脳葉のどこがどのような行動を制御しているのかが、詳細に調べられた。一九五〇年代から一九七〇年代にかけての話だ。

様々なジャンルの職人を生み出す日本人と、精巧な時計を作り出すスイス人は器用な人種だと中学校の頃に聞き覚えたが、ヤング学派にみる英国人も相当な器用人だ。なお、ヤング学派が行なったマダコの脳機能解剖学の端緒を開いたのは、日本の尾道でマダコの飼育法を確立した瀧巖教授であったことは、序章で触れたところだ。

私たちヒトも含めて、脳の科学は脳内の神経ネットワークとその経路に研究の主眼が現在は置かれている。これは、特定領域を構成する神経細胞がどのようなルートでどのように情報を送り、特定の事柄が処理されて行くのかというもので、よりミクロに、機能的に脳を調べるものである。タコの脳についても、このようなアプローチが現在進められている。緻密な解剖学、神経細胞の情報伝達の様をサーチする電気生理学など、地道で根気のいる研究だ。

巨大な脳がどのように働いてタコの知性を生み出すのか。タコの脳の樹海の全容解明は、これから取り組むべき課題と言って良いだろう。

次章では、視点を変えて、タコについて最近新たに注目され始めた社会性について紹介しよう。

第四章
タコの社会性

社会をつくるものたち

同種の個体とともに行動する特性が社会性だ。そのような特徴をもつ動物は社会性動物と呼ばれる。

社会性動物のわかりやすい例は私たちヒトだ。中には孤高を愛するという人もいるかもしれないが、家族、友人、職場の同僚など私たちは様々な形で自身と同じ種のヒトと関わっている。また、その舞台となっているのが、家、学校、会社、あるいは地域、国といった大小の組織だ。私たちはこのような組織で同種の他個体とともに過ごし、社会をつくっている。それは、必ずしも同時性、同所性を求めるものではない。

例えば、仮に部屋の中で一人過ごしていたとしても、同じ家に住む同居人とは空間を共有するという点で社会的関係をもっており、一人で住む一軒家であっても、その家が存在する地域の人々と繋がることで地域社会の一員となっている。

ヒト以外の動物にも社会性が認められるものは多い。ヒトも所属する霊長類の中には、群れという名の集団で暮らすものがいる。よく見聞きするところではチンパンジーやニホンザル。群れの中には個体ごとに序列があり、時に政治的な駆け引きまで行なわれているという。空飛ぶ鳥も群れで行動するものたちがおり、水圏に目を転じればサンマやイワシといった大衆魚たちは統制のとれた群れをつくる。

もっと小さな動物も社会をつくる。その典型は昆虫だ。アリやハチなどの昆虫は、真社会性という際立った特徴を示す。女王を頂点に、巣の掃除や餌の採集などの労働に専ら従事する者、侵入者との戦闘に従事する者など、個々に役割が決まっており、カーストと呼ばれる階層構造が出来上がっている。実は、真社会性昆虫は女王とその子どもたちで構成される特殊な社会で、私たちヒトとは異なる染色体構成の故に社会を構成する個体同士の血縁度が非常に大きいという特徴がある。滅私奉公しているようでいて、それはそのまま自分の血縁者を次代に残すことに繋がるという仕組みがある。

生物の体は遺伝子の乗り物であると述べたのは、ベストセラーになった啓蒙書『利己的な遺伝子』を世に出した英国のリチャード・ドーキンス博士だが、生物が生きる目的を遺伝子の継承とみれば、真社会性昆虫に見る自分よりも他者をという行動は合点のゆくものだ。

タコという動物は一人(一匹)を好む動物と思われている。蛸壺漁という漁法がそれをよく表している。海底に沈めた素焼きの壺には、タコが一尾で入っている。テレビのネイチャー系番組に登場するタコも、岩棚に一尾で身を潜めている。このような特徴は、社会性に対して単独性とか非社会性と呼ばれる。長いこと、研究者の間でもタコは単独性とされてきた。それは、群れをつくることからスルメイカやヤリイカなどのツツイカ類を社会性と区分したこととの対極にあった。

しかし、タコは本当に社会性を欠くのだろうか。最近になり、どうもそうでもないようだという見方が出始めた。

本章では、私の研究室で現在進めている実験も紹介しつつ、タコの社会性について考えてみたい。

豪州の海に築かれたタコ都市

二〇一六年、興味深い論文が『カレント・バイオロジー』誌に掲載された。タコが同種同士の敵対行動で体色パターンを信号（シグナル）として使っていることを報じたものだ。著者はアラスカ太平洋大学（米国）のデイビッド・シール博士、シドニー大学（オーストラリア）・ニューヨーク市立大学（米国）のピーター・ゴドフリー＝スミス博士、オーストラリアのダイバーのマシュー・ローレンス氏である。

オーストラリアのニューサウスウェールズ州にあるジャービス湾の水深一七メートルの場所で、五三時間近い野外観察が行なわれた。観察対象は*Octopus tetricus*というタコで英名はシドニーダコ。

海底にはシドニーダコが集めてきたホタテガイの殻がたくさん置かれ、そこにタコが巣をつくっている。ここは観察場所となったが、そこにはシドニーダコが常に三個体から一〇個体いて、他個体とのイザコザが度々起こる。そのような同種同士の相互作用は合計一八六回観察された。時間にすると七・三時間で、観察時間のうちの一四パーセントを占める。

相互作用のうちの一一パーセントはオスがメスに交接を仕掛けるという、生殖行動であった。他方、相互作用のうち七二パーセントを占めた行動は、リーチと著者らが呼んだもので、一尾のタコが腕を別の一尾のタコに伸ばすというものだ。ただ、実際に接触することは稀で、腕を別の個体の近くで伸ばすという行動である。これが相互作用のうちの多くを占めていた。

特徴的な行動は、体色を暗化させたタコが八本の腕を広げて海底に立ち、外套膜を細長くするというものだ（図4-1）。こうすると、タコの体は大きく見える。

同じようなことは他の動物でも見られる。例えば、闘魚として知られるベタは、鰓蓋《さいがい》を

図4-1　シドニーダコのディスプレイ
（Scheel et al., Current Biology, 26, 377-382, 2016をもとに描く）

左右に開き自身の頭部を大きく見せる。威勢をはるとでも言おうか。ヒトに見る「ツッパリ」も本質はこれと同じで、実際よりも自分自身を大きく強く見せる行為だ。シドニーダコでは、外套膜をより細く伸ばすと、つまりはより自身を大きく見せようとすると、体色もより暗いものとなっていた。暗黒の巨人がそこに立ちはだかるような印象を与えるのだろうか。

　しかも、シドニーダコは、このような姿勢を他よりも高くなっているところ（高台とでも言おうか）へ移動して行なっていた。高台で腕をツッパリ、腕の間の傘膜を広げ、外套膜を縦に細長くし、かつ体色全体を暗化させている。こうなると、丘の上に立った巨人というところだろうか。このような姿勢をとられて、退散する他個体も観察された。

　体色を暗化させることは、頭足類では威嚇の効果をもつことが他種で報じられている。例えば、繁殖期のヨーロッパコウイカのオスは顔（頭部）の体色を暗化させることがあるが、こうするとより薄い体色を出していた方のオスが退散してしまう。シドニーダコに見られた体色の暗化も同じ機能があるとシール博士らは考えている。

従来、タコに見られる体色パターンは、捕食者を回避する対捕食者戦略のためのものと考えられてきた。なぜなら、タコは単独性だから同種同士のコミュニケーションに体色パターンを用いるということ自体がないと考えられるからだ。

シドニーダコに見られた行動は、このような従来の考えに対して、タコも同種同士のコミュニケーションに体色パターンをシグナルとして用いていることを指摘するもので、シール博士らはこの論文を通じてそのことを述べている。これはまた、タコが単独性で非社会性であるというイメージに異を唱えるものでもある。

実は、あるエリアに同じ種類のタコが複数でいる様子は、これまでにも「例外的に」報じられてきた。例えば、ピグミーダコ、カリフォルニアツースポットダコ、タイヘイヨウアカダコ（何れも英語名を任意に和訳）、そして今回のシドニーダコなどである。これらは、巣に適した場所が限られている、餌の取り合いなどが原因で特定の場所に同種個体が複数で生息していたと考えられる。タコを非社会性ではなく、社会性と捉えることができるのではないか。シール博士らは論文の中で述べている。

論文の著者の一人であるゴドフリー=スミス博士は、日本でもその邦訳が話題となった

『タコの心身問題―頭足類から考える意識の起源』(みすず書房)を著した人だ。その書の中でゴドフリー＝スミス博士は、オーストラリア沿岸で発見されたシドニーダコが複数で暮らしているエリアのことを「オクトポリス」と呼んでいる。タコを表すギリシャ語が語源のOctoと都市を表すPolisを合わせた造語で、タコ都市とでも言おうか。洒落たネーミングだ。

タコは都市をつくる動物。シドニーダコに見られた同種個体同士の相互作用の報告とあわせて、タコのイメージは変わりつつある。

二五〇分の一の代表

そもそもタコが単独性であるというイメージは、タコの研究の歴史にそのわけを見ることができる。

本書でも度々触れてきたが、タコという動物を知的なものと印象づけたのは英国のヤング学派と言って良いだろう。彼らが研究の舞台としたのが、イタリアのナポリにある臨海実験所アントン・ドールンであったことも既に何度か述べたところだ。ここは地中海を望む研究機関で、研究の対象は目の前の海からの入手が容易なマダコだった。

マダコはナポリで漁業も行なわれており、ポピュラーなタコでもある。研究者たちがこのタコを好んで食べたかどうかは知らないが、科学研究において研究材料の入手は研究内容に関わる重要事項だ。

ヤング学派によるマダコの知性研究に限らず、マダコの成長や生理、繁殖といった事柄もヨーロッパの研究者たちにより精力的に調べられた。マダコは最も研究されたタコと言って良いだろう。その過程では当然のように、野外での振る舞い、実験室での振る舞いも詳《つまび》らかにされる。オスとメスが接触する繁殖期を除けば、マダコは単独でいることが多く、それを好むようだ。そのようなマダコに見られる特徴が、いつしかタコの特徴とされていった。

論文の中では「マダコ」と種名を明記するが、それを引用した教科書の中では「タコ」と書かれる。するとそれはいつしかタコ全体の特徴となっていく。タコは単独性であるというイメージの誕生だ。

しかし、現生のタコは二五〇種もいる。まだ見つかっていない種もいるだろうから、実際にはこれよりも多くの種類のタコが地球上に存在しているだろう。生物としての様々な特性は、これら多くの種類のタコで同じではないのではないか。生物学ではむしろ、分類学的に同じグループに区分けされるものでも、その構成員である種同士の間には色々な違いがあると考える。種間変異《しゅかんへんい》と呼ばれるものだ。

例えば、サルと一口に言っても、ニホンザルもいればホエザルもいる。私が幼少の頃に聞いた歌『アイアイ』に登場するアイアイもサルの仲間である。これらのサルは形態も違えば生態も違う。同じことはタコにも言えるはずだ。

オクトポリスでのシドニーダコの振る舞いは、種間変異を強烈に印象づけるものだ。勿論、タコについて生物学的知見が少なかった当時、マダコという特定の種に焦点を絞り、多角的に調べるというアプローチは正攻法と言える。仮に私が同時代にナポリにいたら、ヤング学派と同じようにマダコをターゲットとして研究を展開しただろう。マダコ一筋である。

一方で、タコという動物について再考する時が訪れたとも言える。時代はタコの社会性について視点を広げることを要求しているようだ。

麻薬で変わるタコ

衝撃的とも言える論文が二〇一八年に『カレント・バイオロジー』誌に報じられた。論文の著者は、米国の海洋生物研究所のエリック・エディンガー博士とジョンズホプキンズ大学のギュル・ドレン博士だ。

二人の著者が述べるには、カリフォルニアツースポットダコは普段は他個体との接触を嫌う単独性だが、このタコに麻薬を摂取させると社交的になるというのだ。

実験では、MDMAという合成麻薬をタコに摂取させている。これは「愛の薬エクスタシー」とも呼ばれる麻薬である。ヒトが使う（使ってはいけないのだが）麻薬をタコに使わせたというわけだ。

水槽の端にいる一尾のカリフォルニアツースポットダコに、網目が粗い籠をかぶせる。また、比較対象として、水槽の反対側の端にボールを置き、同じく籠をかぶせる。そして、水槽の中央に別のカリフォルニアツースポットダコを入れて観察する。

後から水槽に入れられたタコは、網目を通して中のタコ、あるいはボールを見ることができる。果たして、タコは籠の中の同種他個体、ボールの何れに近づくか、あるいはどちらにも近づかず水槽の中央にいるのかを見ようというのだ。

何も処理をしなければ、タコは同種他個体よりもボールのあるところへ長く留まる。単独性のタコの特徴をよく表した結果だ。なにも好きこのんで他個体のそばへ行こうとはしない。

ところが、ＭＤＭＡを投与するとタコの行動がガラリと変わる。実際には、ＭＤＭＡを含む海水にタコを入れるという薬浴処理を行なうことで、タコに麻薬を摂取させる。このような処理を受けたタコは、ボールではなく、籠をかぶせられた同種他個体のそばへ行き、そこに留まる時間が長くなる。それどころか、籠の網目に腕を挿入し、中にいるタコに触るという行動を示すようになる（図４－２）。

麻薬を摂取したタコは、どうやらハイになったらしい。積極的に同種他個体と接触しようとする。あるいは、しきりにチョッカイをかけてくる酔っ払いと言えようか。薬物の効果が明確に現れたのだ。

エディンガー博士とドレン博士は、カリフォルニアツースポットダコについて別の事柄も調べている。それは、セロトニントランスポーターをコードする遺伝子についてだ。

セロトニンは脳内で働く神経伝達物質《しんけいでんたつぶっしつ》で、感情や気分のコントロールに関わっている。神経伝達物質とは、神経細胞の情報を運ぶ物質である。神経細胞は情報を伝達する細胞であり、神経細胞同士がシナプスと呼ばれる連結をし、ネットワークを作っている。電線を複数つないで情報を遠くまで送るというイメージだ。ただし、二つの神経細胞はよく見ると接触してはいない。顕微鏡レベルのわずかな隙間が神経細胞同士には空いている。近接した状態である。この部分がシナプスである。

　神経細胞を流れる情報は電気的なものだが、断線していると情報は伝わらない。そこで、神経細胞はその端まで届けられた電気的な信号を、今度は化学的な信号、つまりは物質に変えて放出し、隣の神経細胞に送るのである。この時に放出される物質が神経伝達物質である。セロトニンはその中の一つだ。

　セロトニントランスポーターのトランスポーターとは、放出された神経伝達物質の取り込みに関わるものである。神経伝達物質の量が多いとそれはそれで困るので、放出した神経細胞がそれを回収する。その回収役がトランスポータ

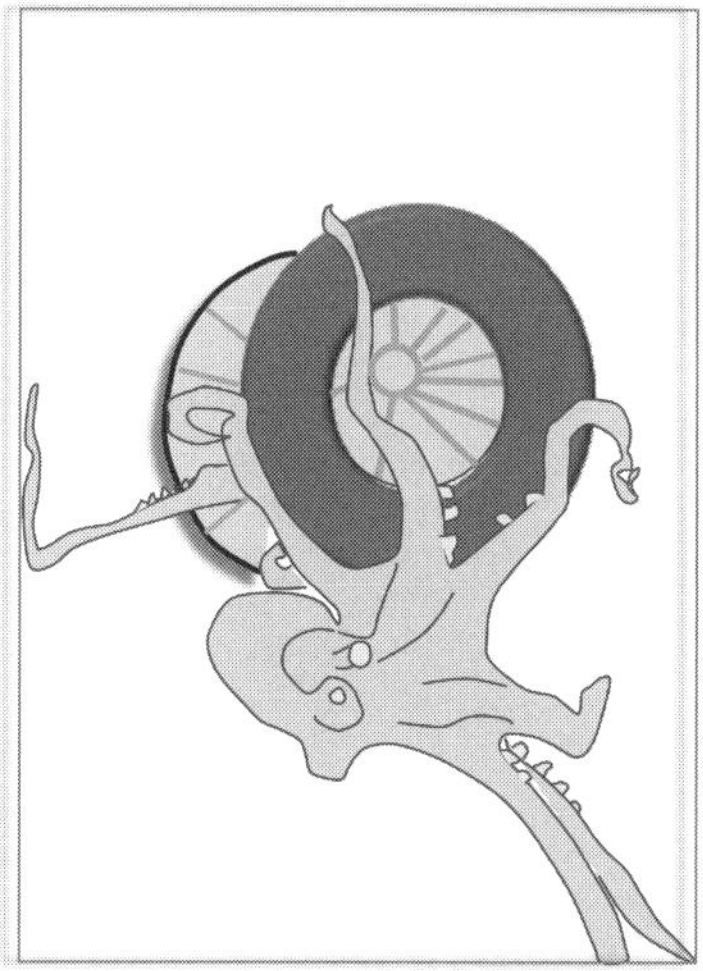

図4-2　MDMAを投与されたカリフォルニアツースポットダコの振る舞い。籠の中にいる同種他個体に腕を伸ばして触っている（Edsinger & Dölen, Current Biology, 28, 3136-3142, 2018をもとに描く）

ーである。麻薬のＭＤＭＡは、このセロトニントランスポーターに結合する。セロトニントランスポーターの働き、つまりはセロトニンの神経伝達に関わる情報をコードした遺伝子がセロトニントランスポーター遺伝子、ＳＬＣ６Ａ４遺伝子であり、セロトニンの作用に関与する遺伝子である。

つまるところ、ＳＬＣ６Ａ４遺伝子があるということは、麻薬のＭＤＭＡを投与された場合、その作用が出る可能性がある。麻薬を摂取したヒトと同じことがタコでも起こる可能性である。

その生物がもつすべての遺伝情報をゲノムというが、カリフォルニアツースポットダコの全ゲノムは、頭足類では最初に解析され話題になった。シカゴ大学（米国）のキャロライン・アルベルティン博士、沖縄科学技術大学院大学（日本）・ハイデルベルク大学（ドイツ）のオレグ・シマコフ博士らにより、二〇一五年に『ネイチャー』誌に報告された。ちなみに、この号の同誌の表紙をカリフォルニアツースポットダコが飾っている。

カリフォルニアツースポットダコのゲノムを見ると、ＳＬＣ６Ａ４遺伝子配列が認められる。このことは、カリフォルニアツースポットダコがセロトニントランスポーターを作るポテンシャルをもっている、あるいはその昔、実際にセロトニントランスポーターを作っていたことを示唆している。

また、愛の薬を投与したことで、このタコがハイになり、同種他個体と積極的に接しようとしたことは、社会性に関わる脳内の神経回路が今でも保存されていることを示している。必要な物質さえ添加されれば、社交的になれるということだ。これはヒトに見る麻薬の作用と同じである。

単独性とされるカリフォルニアツースポットダコだが、社会性を潜在的に有していると も言えそうだ。

それにしても、タコに麻薬を投与するとはなかなかに荒技の実験だ。今は動物の権利が重く見られ、実験動物の扱いも厳しくなっている。医学研究で用いられるイヌやラットは、止むを得ずその生命を止める場合は安楽死させねばならない。近年では、このような動きがタコやイカにも波及し、欧州では既にタコとイカでは倫理基準が厳しく設定されている。ちなみに、日本と米国はそのような措置（例えば安楽死）をタコとイカに講じていない。麻薬を用いた実験を今後、タコで行なうことは難しいだろう。その点からも、エディンガー、ドレン両博士が行なった研究は貴重なものと言えるかもしれない。

社会性を想起させる沖縄のタコ

タコにおける社会性をもっと直截に感じさせるものたちがいる。沖縄に暮らすタコだ。ソデフリダコは手のひらにのる小型のタコで、琉球大学の金子奈都美《かねこなつみ》博士と国立科学博物館の窪寺恒己《くぼでらつねみ》博士により、二〇〇五年に新種のタコとして記載された。傘膜が腕の先端まで伸び、揺れる傘膜が袖を振っているように見えることが和名の由来である。非常に可愛らしいタコだ。

私たちの研究室では、ソデフリダコを飼育している（口絵⑭）。海で捕まえてきて、研究室内に設置した水槽で飼うのだ。ソデフリダコは、一つの水槽の中に複数の個体を一緒に入れて飼うことができる。これがマダコだとそうはいかない。何れかの個体が水槽から出て行こうとする。同種個体と共にいることが嫌なのだ。一般のタコのイメージはむしろこちらの方だ。

ところが、ソデフリダコは水槽の中で同種同士が近接する。中には、ピタリと体をくっつけ合う個体もいる（口絵⑭）。齧歯類《げっしるい》などでは、母子が体を寄せ合い、くっつけ合うが、これはアタッチメントと呼ばれる行動だ。愛着行動と考えられている。ソデフリダコの様はまさにアタッチメントのようだ。

こんな親密なタコがいるのか。

最初にソデフリダコを見たときの私の感想だ。その様はこのタコが社会性をもつことを物語っている。いや、これを社会性と言わずして何を社会性と言うのか。どうもタコの中にも社会性の種がいるのではないか。そのような思いが私の中で芽生えていた。

第三章でも紹介したぎのわん海浜公園の岩礁帯にタコがいる。比較的小ぶりのタコで、ソデフリダコのようにも見えるが少し違っているようにも見える。目下のところ正確な種名はわからない。ひとまず、私たちの研究室ではそのタコを「トロピダコ」と呼んでいる(口絵⑮)。

干潮時に岩礁帯の窪みに海水をたたえて、小さな湖のようになった場所がタイドプールだ。目を凝らすと、タイドプールにトロピダコが一尾いた。さらに見ていると、件のタコはスーッと泳ぎだした。その先には別のトロピダコがいた。どうもそこへ向かっているらしい。

案の定、泳いでいたトロピダコは別のトロピダコのいる場所へと至り、やにわにその個体に抱きついた。抱きつかれた方は、迷惑そうな感じでその腕を振り払い、他所《よそ》へと泳いで移動して行った。すると、件のタコがそれを追いかけて泳ぎ、またその個体に抱きついたのだ。

チョッカイを出しているようだ。その様はまるで、中学生や高校生の男子が、級友と戯れているように見える。

「うぃー」と意味もなく発し、首に腕を回すあれである。あるいは、ニヤニヤしつつ脇腹をつつくあれである。教室の中で、あるいは通学途中の電車の中で、日常的に目にすることができる光景だ。

チョッカイを出された方は、「やめろよー」と面倒くさそうに応じる。まさにあれである。

それを二尾のトロピダコが目の前でやっていた。いや、そのように私には見えた。

二つのことを強烈に感じた。タコも暇なのだな。そして、タコには社会性がある。後者の感覚は、私をタコの社会性研究へと向かわせた。

タコの社会を覗く

ヒトの社会的なつながりを可視化する一つの方法に、ソーシャルネットワーク解析がある。個々の人を点、特定の人同士の関係を線で結んで表すもので、点を「頂点《ちょうてん》」、点と点との間に引かれる線を「枝《えだ》」という。頂点と枝で人間関係を描いたものがソーシャルネットワークで、描いたものをソーシャルネットワークグラフという。単純なもののようだが、対象とする人間の数が多くなると、ソーシャルネットワークグラフは複雑な人間関係を見事に可視化する優れものだ。

ソーシャルネットワークは私たちの生活の中にも既に入り込んでいる。フェイスブックやラインといったソーシャルネットワークサービス、略してSNSがそれだ。自分のよく知る友だちを介して新たな人と友だちになったりする。フェイスブックの友だちリクエストである。私が浪人生のときにスタートした昼の某長寿番組で、司会のタモリ氏が言っていた「友だちの友だちはみな友だちだ」を表すのがソーシャルネットワークだ。

私たちの研究室では、ソーシャルネットワークを利用してアオリイカの社会を探る研究を進めた。アオリイカは大小規模の群れをつくる、社会性と考えられるイカ類だ。しかし、その社会の中身、群れの中で起きていることは全くわかっていなかった。それをソーシャルネットワークで探ろうというのだ。

アオリイカのソーシャルネットワーク研究は、大学院生の杉本親要《すぎもとちかとし》君（現沖縄科学技術大学院大学ポストドクトラルスカラー）が担い、博士論文としてまとめあげた。

このソーシャルネットワークの理論をタコに当てはめてみてはどうか。タコの社会研究事始めである。トロピダコでこれをやってみた。実際にこのテーマを担ったのは福岡出身の学部四年生、藤田紗貴《ふじたさき》さんだ。トロピダコを同じ水槽の中で集団飼育し、その行動を観察するというものだ。

ここでは、個体同士がどういう関係性を示すのかを見る必要がある。そこで、トロピダコを一尾ずつ個体識別する。

ニホンザルの研究では、経験を積んだ研究者ならば顔や振る舞いを見てサルを見分けられるという。一頭一頭違っているのだ。ちなみに、ニホンザルの個体識別は、日本が生み出したお家芸でもある。

しかし、タコだとどうもうまくいかない。体のサイズが違えば、まだ見分けることができるが、似たサイズの個体同士や、個体数が増えると見分けられない。また、タコは体の大きさも一定しない。伸び縮みしたり、形が変わったりして、特徴がなかなか一定しない。

そこで、タコにマークをつける。これは蛍光イラストマータグという染料で、魚類の標識放流採捕で使われるものだ（図4-3）。標識放流は、水産学の一手法で、対象とする魚に小さな標識をつけて海や川に放ち、一定期間後、標識をつけた魚を捕獲して、移動経路や生残率、あるいはその場所にいる個体数などを推定する調査だ。

私はもともと水産学の出身なので、その手法をタコの個体識別に使おうと考えたわけだ。一見、他の分野で別の目的で使われる方法が思わぬところに応用できることがあるが、蛍光イラストマータグによる個体識別はその例だろう。

かくして、個体識別したトロピダコを長期間にわたり観察すると、特定の個体同士が近接していたり、ピタリと体をくっつけ合っていたりする様子が見られ、ソーシャルネットワークグラフが描かれた。仲の良い個体の組み合わせは雌雄のこともあったが、同性同士の組み合わせも見られた。どうやら、トロピダコは特定の個体同士がつながりをもつ社会をつくっているようだ。藤田さんの研究はタコの社会性を印象づけるものとなった。

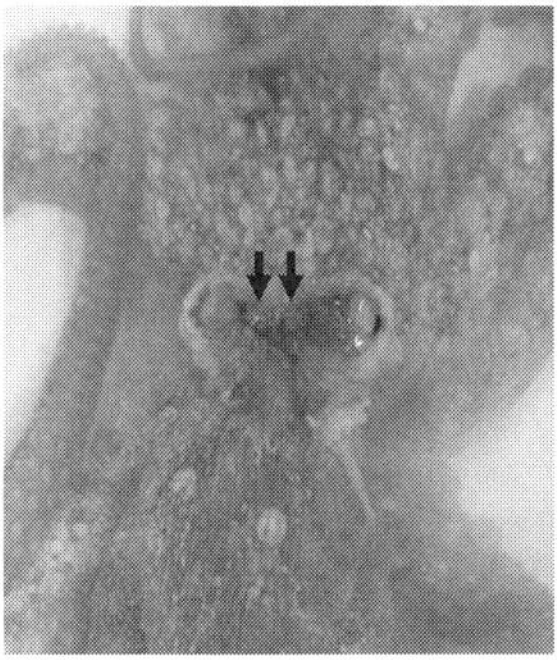

図4-3　蛍光イラストマータグ（矢印）で個体識別した*Octopus* sp.（仮称トロピダコ）（撮影　藤田紗貴氏）

隣人を覚えているタコ

イタリア、フィレンツェ大学のエレナ・トリカリーコ博士、フランチェスカ・ゲラルディ博士、テレソン遺伝学医学研究所のルチアナ・ボレッリ博士、アントン・ドールン臨海実験所のグラツィアーノ・フィオリト博士が、マダコで面白い研究を『プロス・ワン』誌に二〇一一年に発表した。「私は隣人を知っている」と題した論文だ。

社会性の動物は、同種他個体を見分ける能力をもっており、それは社会を形成する上で基本となる能力だ。特に、生活場所が接している同種他個体、つまりは巣や縄張りが隣接している個体同士は、互いのことをちゃんと認識しているというものだ。

これは「隣人を知っている」ということで、互いに顔見知りであれば無用な干渉はしない。しかし、見知らぬ同種他個体であれば注意を払い、時に攻撃を仕掛ける。そうしないと、縄張りに侵入されたり、巣を乗っ取られたりする危険があるからだ。

顔見知りの隣人には不干渉という行動は、「ディア・エネミー」として知られる戦略である。「親愛なる敵さん」とでも訳そうか。これは縄張りをつくる動物に広くみられる現象である。例えば、カニ、シャコ、カエル、トカゲ、魚類、鳥類、そして哺乳類である。

隣人には不干渉ということで、戦いに費やす無用なコストを削減できるというわけだ。

ディア・エネミーを可能とするのは、同種他個体を認識する能力である。同種同士は姿形が似ているが、その中から特定の個体を見分けることができる能力だ。

トリカリーコ博士らは、これをマダコで検証した。マダコは単独性とされるが、発達した眼と巨大な脳をもち、学習し記憶する能力をもっている。それなら、同種他個体のことも見分けることができるのではないか。そのような考えもあり、トリカリーコ博士らはシンプルだが巧妙な実験を行なった。

ナポリ湾で採集したマダコを二つの条件下に置いた。

一つは、透明な壁を隔てて互いを見ることができるペアー（視認可能群）。もう一つは、不透明な壁を隔てて互いを見ることができないペアー（視認不可能群）である。前者は隣人を見ることができるが、後者はそれができない。

タコをこうした状態に三日間置く。次に、それぞれのペアーを一つの水槽に入れて、一五分間、行動を観察する。この場合、同一の水槽に二個体のタコが一緒に入ることになる。相手に接近したり、接触したり、あるいは墨を吐いたり、いろいろな行動が想定される。それを記録する。このような措置を連続する三日間にわたり行なう。

そして、次に、視認可能群と視認不可能群について、隣の水槽に置かれた個体（隣人）とペアーにして同一水槽に入れ、行動を観察する。また、隣の水槽に置かれていなかった別の個体とペアーを組ませて、同じ措置を施して行動を観察する。

まず、最初の実験措置では、隣人を見られるか見られないかという違いがあった二つの実験群のペアーを同一の水槽に入れて、何が起こるか観察した。その結果、「相手に近寄るが一定の距離を保つ」、「最初の行動を起こすまでの時間」という計測項目が、実験一日目に視認可能群のペアーの方が視認不可能群のペアーよりも統計的に有意に大きな値を示した。一方、「相手に触る」「墨を吐く」という計測項目は、視認不可能群のペアーの方が視認可能群のペアーよりも統計的に有意に大きな値を示した。

このことはつまり、隣人を見ることができたタコ同士は、同じ水槽の中に入った場合、相手と距離を置く時間が長く、相手に触ることも少なく、互いに何らかの行動を起こすのがゆっくりしていることを示している。対照的に、隣人を見ることができなかったタコ同士は、そこに初めて目にする個体が現れたので、互いに干渉し合い、触り、そしてこのようなことを起こすのが早かったということを意味する。なお、このような傾向は二日目と三日目にも見られたが、両群の計測値の差は統計的に有意なものではなかった。

このデータの意味するところは、マダコは見知った同種他個体に対しては干渉を控えるということ、つまりはディア・エネミーが見られることだ。さらに、それがはっきりと見られた（統計的に有意）のは、実験一日目だったので、少なくともマダコは隣人を丸一日は覚えていることも意味している。

最後の実験、見知った個体同士のペアー、見知らぬ個体同士のペアーの措置を施した実験では、前者のペアーで二個体の力関係が維持されていた。二個体の間では相手に触るなどの干渉が見られるが、二個体のうちの何れかがその場から立ち去る。最終的にその場に留まった方が勝者で、その場から立ち去った方が敗者となる。干渉場面での勝率の多い個体が上位の個体（α個体）、低い方が下位の個体（β個体）と判定される。力関係とはこういうことだ。

対照的に、見知らぬ者同士のペアリングでは、組み合わせによってはα個体がβ個体に転落するなどの変化も見られた。初顔合わせの相手の方が強かったのである。

単独性で同種個体との交渉自体が想定されないマダコで、このような実験が行なわれたのは興味深い。この実験結果は、マダコに社会性の潜在能力があることを物語っており、頭足類の個体認識を示した例と言える。

もっとも、視認可能群では互いを見ることができても触ることはできない。これは視覚のみで他者の特徴をマダコが捉え、覚えておくことができるということを意味する。ただ、他者の認知に触覚が全く関わっていないのかというと、この点は疑問でもある。新規の図形については、どうやら触らないと特徴を捉えることができないようで、そのことから私たちはクロスモーダル認知を考えた。同じことは同種他個体を認識することについても言えないのであろうか。

この点についてトリカリーコ博士らは、マダコが他個体を認識する上で、相手に触ることがおそらく必要なのだろうと述べている。他者への接触は、二個体を同一水槽に入れる実験で見られ、見知らぬ個体に対して多く見られたことが述べられている。それは実験一日目に特に多く、日を経るごとに減っていった。相手を見ることができた視認可能群では、相手の視覚的特性をあらかじめ得ていた分、後に相手に接触することが減ったということかもしれない。

蛸壺にこもるタコの衝撃

タコの社会性をどう調べるか。トロピダコでソーシャルネットワークを描いてから、私には気になることがあった。

タコが単独性で非社会性であるという捉え方は、同じ頭足類でも群れをつくるイカとは違い、タコが群れをつくらないことに起因している。この特性を垣間見る機会があった。

前任地の理化学研究所でマダコを飼育していたときのことだ。ここでの私のミッションはイカを脳科学の実験動物として利用できるようにすることであった。平たく言えば、イカを飼い、いつでも提供できるようにすることだ。

研究室の上司であった松本元《まつもとげん》先生は豪放磊落《ごうほうらいらく》なサイエンティストで、研究所の中にイカ専用の飼育施設を設え、この施設を使って君のやりたいようにやって良いと私に言って下さっていた。これは自身であれこれ試行錯誤してくれとの含意もあったと思うが、私はイカ以外にタコの飼育もしていた。

飼育していたのはマダコである。理研のある埼玉県は海なし県であるが、そこは漁業国の日本。マダコであれば生きた個体を活魚業者から手に入れることができる。そうやって手に入れたマダコを水槽に入れ、飼ってみたのだ。タコはイカに比べれば飼育が容易であることは承知していた。タコを飼ったのは「水槽の水をつくる」ためであった。

海なし県にある研究所でどのようにして海に暮らすイカやタコを飼うのか。そこで用いるのが閉鎖型循環水槽である。これは飼育動物を収容する水槽に濾過《ろか》槽が付属したもので、飼育海水は水槽から濾過槽に運ばれ、ここで浄化されて再び水槽に戻る。かつて流行ったウイスキーのコマーシャルではないが、「何も足さない、何も引かない」というように、海水は水槽と濾過槽を循環する。こうすれば、海水を海から水槽に注ぎ込まなくても海産の生物を水槽の中で生き永らえさせることができるというわけだ。

対照的に、臨海実験所など海辺に建つ施設では、近隣の海から海水を水槽へふんだんに注ぎ入れることができる。このようなシステムは開放型水槽、いわゆる掛け流しの水槽である。

前述の松本元先生は、閉鎖型循環水槽でイカを長期にわたり飼育することに世界で初めて成功した人として知られる。対象としたのはヤリイカで、一九七〇年代半ばの出来事。当初の飼育記録は七日間で、世界初の快挙であった。飼育されているヤリイカを見るために、ノーベル医学・生理学賞を受賞した動物行動学の祖、コンラート・ローレンツ博士が来日したエピソードは有名だ。実は、鳥で刷り込みを発見したローレンツ博士はイカにも興味があり、自分でも飼育に挑戦したが上手くいかなかった。水槽でスイスイ泳ぐヤリイカを自分の目で確かめたかったのだ。

イカを飼うための閉鎖型循環水槽には一つポイントがある。それは濾過槽に硝化細菌《しょうかさいきん》を宿らせることだ。水槽の中でイカはすぐに死んでしまう。それは、水槽内のアンモニア濃度が高くなるからだ。イカはアンモニアに弱いのだ。

アンモニアを低濃度に下げるのが硝化細菌である。イカが出す排泄物、あるいは食べ残しの残餌などがアンモニアのもとになる。アンモニアを含んだ飼育水が濾過槽に送られると、サンゴの骨片などの濾材の中にいる硝化細菌がアンモニアを亜硝酸《あしょうさん》へと変える。こうすることで水槽のアンモニア濃度が下がるのだ。

しかし、新たに水槽をつくったときや、新しい濾材をセットしたときに水槽にイカを入れるとたちまち死亡してしまう。濾過槽に硝化細菌が十分な量、増殖していないためだ。そのため、イカ以外の生き物、例えば魚を水槽に入れ、硝化細菌を育てるという措置を行なう。パイロットフィッシュと呼ばれる面々だ。これらが水槽で餌を食べ、排泄することで、濾過槽の硝化細菌が増えるのだ。

パイロットフィッシュとして、私はマダコを水槽に入れた。タコはイカよりも人工環境に強く、パイロットフィッシュとして機能すると思われたからだ。そして、何よりも私はタコを飼育してみたかった。

活魚業者から仕入れたマダコは一尾ずつ玉葱《たまねぎ》袋に入れられていた。こうしておかないと水槽から逃げてしまうからだ。また、こうすればタコの個数を数えることが容易で、販売の上では好都合ということもあるのだろう。しばらくは、このように隔離された状態でマダコを一つの水槽に入れて飼育していた。

あるとき、このマダコたちを直径四メートルの円形の大型水槽に移し入れた。水槽の容量は一〇トンほどで、ヤリイカやアオリイカを集団で飼育するためのものである。

マダコの巣として、蛸壺代わりに園芸用のストロベリーポットを水槽の内壁に沿って、一定間隔で並べた。水槽に入れたマダコが八尾だったので、ストロベリーポットも八個、丸い水槽の内壁に沿い円周上に並べたわけだ。すると、八尾のタコはそれぞれが一つのストロベリーポットに収まった。なるほど、蛸壺に籠るとはよく言ったものだ。

「異変」に気づいたのは間もなくのことだった。八尾の中でやや活発というか、落ち着きのないというか、活動的なタコが一尾いた。その個体が自分の入っていたストロベリーポットを水槽内壁に沿って時計回りに少し移動させた（図4-4）。こうなると、隣人はストロベリーポットとの距離が近くなる。すると今度は、近くに越してきたタコを嫌ったのか、当の隣人が自分の入っているストロベリーポットを水槽の壁づたい時計回りに少し移動させた。

　すると今後は、移動した先にまた別の隣人がおり、この隣人にしてみれば、隣家との距離が少し縮まったことになる。すると、今度はこの隣人が、自分が入っているストロベリーポットを時計回りに少し移動させた。隣人と同じことをしたのである。

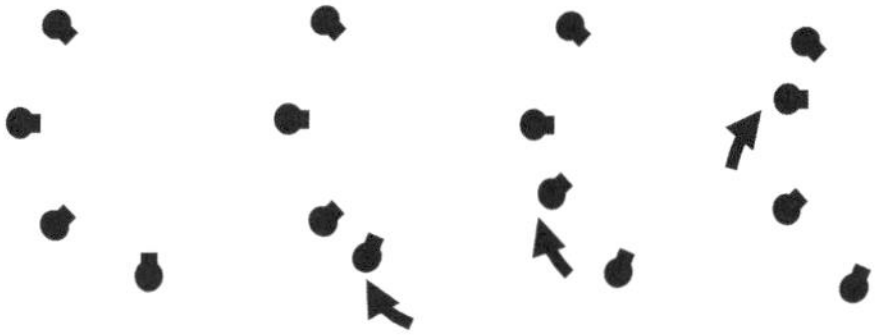

図４-４　円形水槽に置かれたストロベリーポットの動き。矢印はマダコが移動させたストロベリーポットの動き

　翌朝、円形水槽を覗いてみると、八個のストロベリーポットはそれぞれが時計回りに少し移動していた。つまり、全てのタコが自分の巣を少しだけ移動させたのだ。どうやら、活発な一尾が気まぐれかどうかはわからないが、自分の巣を少しだけ移動させたことが発端となり、同じことが残りの七尾のタコに連鎖的に起こったようだ。結果的に、ストロベリーポット間の距離は一定に保たれていた。隣人との距離は一定に保たれていたのだ。

　これを見たとき、私はタコの単独性という特徴を強く実感した。同時期にヤリイカやアオリイカ、スルメイカを飼育し、これらのイカ類が同種個体とともに群れをつくる様子を見ていただけに、マダコのこの行動は印象的、いや衝撃的なものとして私の心に残った。

この経験から私は、タコ類の社会性を調べる直截的な方法はタコ同士を対面させることだと考えていた。先にみた、ディア・エネミーとは少し違う発想だ。ディア・エネミーでは、見知らぬ者同士は互いに接近して互いを探ろうとするという捉え方がある。一方で、真に単独性や非社会性が強ければ、そもそも同種他個体に近づこうとさえしないのではないか。逆に、社会性があるならば、同種他個体に対して関心を示すはずだ。そのとき、必ずしも攻撃を伴わないのではないか。仮に、集団をつくらなくても、社会性という特性が備わっているなら、普段は単独で行動するタコでも、同種個体と対面することで社会的な側面を現すのではないか。

さらに、タコの社会性については考えるべき点がもう一つある。それは種間変異だ。

タコの多様性と熱帯の海

本書でこれまでに紹介したタコの知的な側面、特にヤング学派を中心に調べられたタコの学習能力、それと関連した脳や眼の解剖所見は、その多くが地中海産のマダコを対象にしたものだった。観察学習や本章で先に見た同種他個体認知も同じく地中海のマダコについて調べたものだ。

本章で既に述べたように、世界の海に暮らす二五〇種ものタコの中では、行動に種間変異が見られる可能性がある。それを調べるには、どうすれば良いか。色々な切り口が考えられるが、手っ取り早いのは地理的なものだ。

タコの暮らす海域は種ごとに違いがある。例えば、ミズダコは寒い海に暮らしている。日本ならば北海道と青森県がミズダコの産地だ。反対に、学習研究の主役を張ってきたマダコは、温帯にも熱帯にも幅広く分布する（ただし、日本に生息するマダコは、学習研究で用いられた地中海のマダコとは別種であるという報告が、東北大学のイアン・グレドル博士により二〇一六年に分類学の専門誌に発表された）。

私が暮らす沖縄県。その陸上は亜熱帯に区分されるが、周囲を囲む海は熱帯に区分される。そこには多くの種類の海洋生物が生息している。

一九七〇年代を境に、沖縄県で最大の島である沖縄本島周辺のサンゴは激減した。少年時代の私の記憶にも鮮明な、青い海に突き出たアクアポリスが印象的だった沖縄国際海洋博覧会が開催された頃だ。

図４－５　沖縄本島沿岸の海中景観（撮影　安室春彦博士）

昔と比べてサンゴが減ったとはいえ、今も沖縄周辺の海は日本の中では多様性の高い場所と言って良いだろう。

熱帯の海では、様々な種類の生き物がいることで、捕食被食関係、共生関係、住処をめぐる競争、繁殖相手をめぐる闘争など、多くの種間および種内相互作用が生まれる。また、サンゴ礁、海藻、海草などが創り出す海中景観も豊かで複雑なものだ（図４－５）。

そういう場所では、視覚的にも触覚的にも、そして聴覚的にも多くの情報が入ってくる。それだけ多くの情報処理が必要になるだろう。立派な眼と優れた吸盤という情報の取り入れ口をもつタコでは、それが顕著なのではないだろうか。

さらに、敵も味方も含めて多くの生物と遭遇する熱帯の海では、他者に対する振る舞いが自ずと発達するのではないだろうか。そしてそれは、同種とつながり、関係を築く社会性へと発展するのではないだろうか。つまり、熱帯の海に暮らすタコは、複雑な環境が選択圧になり、社会性を発達させたのではないかとの考えだ。

誤解がないように付け加えると、こういう考えがそのまま私たちヒトにも当てはまるというわけではない。寒帯地方に暮らす人々に比べて熱帯地方に暮らす人々の方が社会的だというようなバリエーションを即座に想定はできないということだ。

ヒトという種は既に様々な特性を確立しており、それがヒトをヒトと分類する特徴になっている。寒いところでも暑いところでもヒトの社会性は変わらないはずだ。むしろ、これについては逆の極端な考え方があった。熱帯雨林の中で、原始的と考えられる生活を営む部族は、同じ人間でも知性が劣るのではないかとの見方だ。この点について、南米の部族の実態を詳細に調べたのがフランスの人類学者クロード・レヴィ＝ストロースだ。自分自身が南米の部族の中に入り、ともに生活をするというユニークな手法を使って特定の部族について調査した。参与観察と呼ばれる方法だ。これにより、原始的な生活を営む人々も現代的な生活を送る人々と同じように知的で、社会的であることを見出した。彼の著作『悲しき熱帯』に、その詳細が生き生きと書かれている。

先に述べた熱帯と社会性の発現を結びつける考え方は、大雑把なものだが、これに従えば、沖縄の海に暮らす熱帯性のタコ類には社会性が備わっていることが予測される。それは、マダコとは違った特徴として現れるかもしれない。既に見たソデフリダコやトロピダコはそのことを物語っている。二五〇種の多様性をもっと調べてみよう。私は一つの課題を学生に提案した。

ウデナガカクレダコの対面実験

社会性を調べる手っ取り早い方法は、同種個体同士を対面させることだ。同種他個体を前にして、全く関心を示さない、あるいは逃げ出してしまうようなことがあれば、そこに社会的な要素を見出すことは難しい。それはむしろ、非社会性、単独性の特性を示唆している。

反対に、同種他個体に関心を抱くような行動を示すならば、それは社会性を示唆する。先に紹介したマダコの同種他個体認知の実験では、ディア・エネミー仮説に基づき同種他個体に対する振る舞いを検証していた。これは、マダコが自身の巣に固執し、縄張りをもつという前提に立ってのものだ。似た観点は、オクトポリスをつくるシドニーダコについても適用されていた。縄張りを犯そうとする者には威嚇や攻撃を仕掛けるのだ。

これらは何れも社会的な交渉と言えるが、ネガティブなものだ。一方、タコの親戚のイカに見られる群れ行動は、ポジティブなものだ。それは排除よりは、受け入れる行動で、他者とともにいることで生残上のメリットがある。

熱帯という環境で個体間の相互作用が増すならば、熱帯の海に暮らすタコでは他者に関心を示し、それを受け入れるポジティブな意味合いでの社会性があるのではないか。そのように考え、私は対面実験からタコの社会性を探れないかと考えたのだ。ポジティブな社会性があるならば、それは同種同士の対面場面で、攻撃や排除、逃走といった行動とは反対の行動として現れるはずだ。

このような考えに基づいて、熱帯性タコ類の社会性を調べる実験を行なった。実験を担ったのは、長崎出身のハウスダンサー、学部四年生の山口若菜《やまぐちわかな》さんだ。

実験では、ウデナガカクレダコ（口絵⑫）を対象とした。

方法はシンプルなもので、二個体のウデナガカクレダコを水槽の中で対面させるというものである。

野外採集したウデナガカクレダコの性別を判別し、オスだけを実験に用いた。これは、雌雄による繁殖行動としての接触と社会的な交渉とを分けるための措置だ。オスは第一章で紹介した交接腕があるかないかで判別できる（第一章図1－10）。

対面実験では、水槽を不透明な仕切りで二区画に分け、それぞれにウデナガカクレダコを一尾ずつ入れた。そして、不透明な仕切りをゆっくりと持ち上げ、二尾を対面させた。二尾のうち、必ずどちらか一方が先に動き出した。将棋や囲碁の対局にならい、先に動いた個体を先手個体《せんてこたい》、次に動いた方の個体を後手個体《ごてこたい》とした。

無関心を装うかと思いきや、先手個体は後手個体に接近し、腕で触った。接触は先手個体で最も多く見られた行動だった。一方、触られた後手個体は触られてもじっとしていた。静止は後手個体では最も多く見られた行動だった。

このほか、逃避、腕または外套膜を動かす、腕を広げるなどの行動が先手、後手双方の個体に見られた。

これらウデナガカクレダコの相互作用とみられる行動は、二四試行のうち二〇試行で見られ、相互作用の継続時間は最短で九秒間、最長で七二秒間だった。また、接近や接触は、対面直後から見られた。

詳しく見ると、対面直後は先手個体が後手個体に接近、接触し、後手個体は逃避する傾向があった。しかし、対面して三〇秒が経過すると、反対に後手個体が先手個体に接触し、先手個体が逃避するようになった。先手個体も後手個体も相手に関心があることが窺えた。

次に、対面の仕方を少し変えてみた。対面前に、不透明な仕切りに加え、透明な仕切りを二尾のウデナガカクレダコの間に置き、不透明な仕切りだけをゆっくりと取り上げて二尾を対面させた（図4－6）。この状態では、相手を見ることはできるが、透明な仕切りに阻まれて相手に触ることができない。

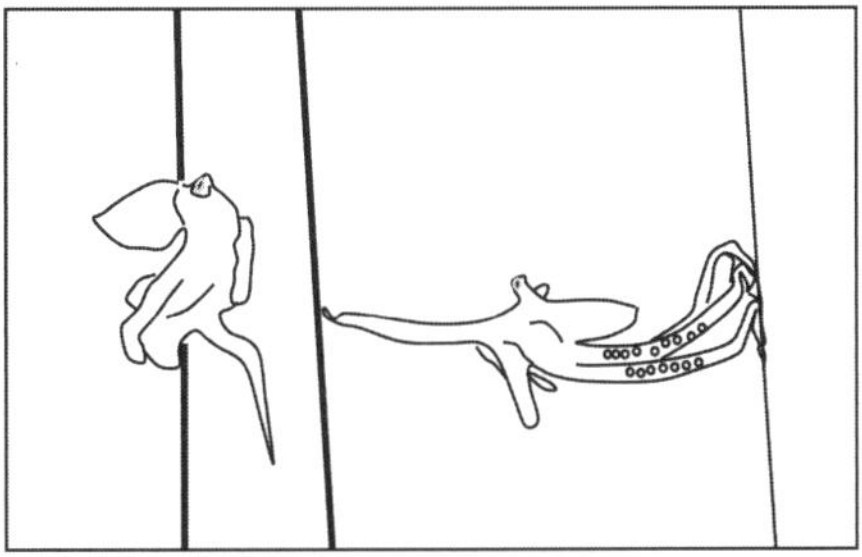
図4－6　透明壁を介して互いに接近するウデナガカクレダコ（Yamaguchi & Ikeda未発表）

このように対面させても、先手個体と後手個体が現れ、相互作用が見られた。ただ、相互作用は二四試行のうち九試行に減少した。対面時に最も多く見られた行動は、先手個体では腕または外套膜を動かす行動、後手個体では静止であった。
互いが接触できた最初の対面実験に比べ、後の実験では相互作用が減った。先手個体について見れば、後手個体への接触が減り（ここでは、反対の区画にいる個体に向かって透明な仕切りを触った場合を「接触」とした）、その場に留まって腕を動かしたり、体を動かしたりすることが多くなった。

第三章で紹介したように、タコは偏光視覚をもっている。二尾を隔てていた透明な仕切りが偏光し、先手個体、後手個体がそれを認識できたので、接近や接触の試みが減ったのかもしれない。

一方、九試行だけに留まったものの、透明な仕切りがある場合、先手個体の接近は対面直後から高い頻度で見られ、それはその後も継続した。目の前に現れた相手への関心は依然、高かったのだ。

二つの対面実験は、ウデナガカクレダコが同種個体に対し強い関心をもつことを、つまりは社会性の基盤があることを少なからず示唆していると言えるだろう。

興味深い観察があった。二つの対面実験では、ウデナガカクレダコが表出する体色パターンも観察した。

暗色、目玉模様など合計八種類の体色パターンが観察された。このうち、透明な仕切りを設けた対面実験では、タコは逃避するときには必ず「灰色」という体色パターンを出した。これは、透明な仕切りがない最初の対面実験では見られなかった。解釈は難しいが、タコが接触から、体色という視覚的媒体に信号を切り替えて、コミュニケーションを図ったとも考えられる。

シンプルな実験ではあるが、山口さんのひたむきな取り組みにより、ウデナガカクレダコの同種他個体に対する振る舞いについて興味深い知見が得られた。

沖縄の良いところは、多くの種類のタコが生息していることだ。ウデナガカクレダコに続き、他の熱帯性タコ類についても対面実験を試みることにした。対象は強烈な社会性を示唆するあのタコである。

ソデフリダコの対面実験

アタッチメントと思しき密着行動を示すソデフリダコ（口絵⑭）で対面実験を行なった。ウデナガカクレダコに比べて、同種個体に対する関心がより強く、それが対面時に現れると考えたからだ。

実験を担ったのは、山口若菜さんの一年後輩、地元、読谷《よみたん》高校出身のシンガー、学部四年生の木村太音《きむらたいね》君だ。

ソデフリダコの対面実験では、オス同士に限らず、メス同士、雌雄という組み合わせも対面させた。また、二個体の間に透明な仕切りは置かず、相互に接触できる条件とした。

これはウデナガカクレダコの最初の対面実験と同じものだ。

ソデフリダコは同性同士の対面場面で、相手に接近し接触した（図4－7）。ソデフリダコでも同種他個体への関心行動が見られたのだ。雌雄の対面では、交接行動が非常に高い割合で見られた。性的に成熟したタコでは当然の結果である。

ただ、このタコの代名詞のように考えていた、互いに密着するという行動は対面時にはほとんど見られなかった。これについては木村君が以下のような観察をした。

対面実験に参加させなかったソデフリダコを雌雄別に分けて水槽に収容しておいた。すると、最初は互いにつかみ合うといった行動が見られたものの、その後は互いに密着するようになった。初対面では胸倉をつかみ合う険悪な状況だが、その後は打ち解けたということだろうか。

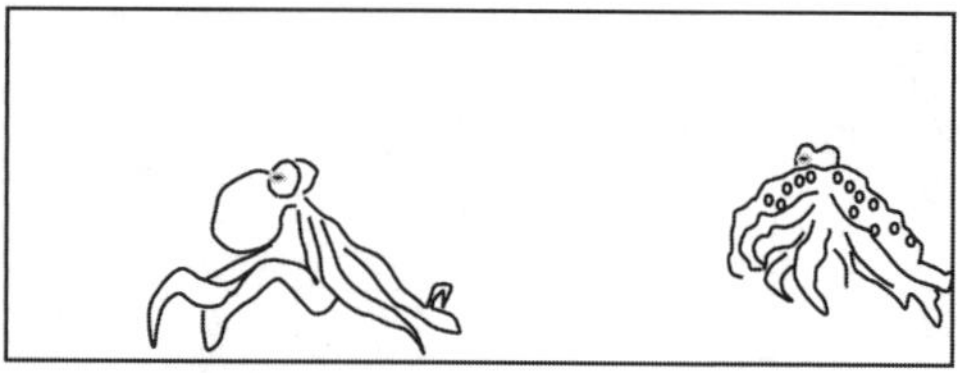
図4－7　同種他個体に接近するソデフリダコ
（Kimura & Ikeda未発表）

どうやらソデフリダコは、一度面識を持てば親密になるようだ。ここで紹介したソデフリダコの対面実験は、初対面の個体同士で行なった。接触する行動が必ずしも多くなかったのは、親密度が育まれていなかったからとも考えられる。

ウデナガカクレダコとソデフリダコで行なった対面実験では、相手への接近や接触という行動が多く見られた。これは、トリカリーコ博士らがマダコで行なった実験の対面場面の結果とよく似ている。マダコの実験では、あらかじめ対面させることのなかった視認不可能群を対面させた際に、相手への関心行動がより高い割合で見られた。これに対し、あらかじめ対面させた視認可能群は対面に際して相手への関心行動の割合が低かった。これは、面識のある知人には干渉しないことを表していると解釈された。

これにならえば、ウデナガカクレダコとソデフリダコも、面識がない同種他個体に対して高い頻度で干渉したと考えることもできる。

一方で、違いもある。トリカリーコ博士らのマダコの実験では、二個体のタコが対面した際に墨吐きが見られている。また、実験一日目では墨を吐くのは対面経験のない視認不可能群の方が対面経験のある視認可能群よりも有意に多かった。私たちが行なったウデナガカクレダコとソデフリダコの対面実験では、墨吐きは見られなかった。

実は、親戚のイカに比べるとタコは墨をあまり吐かない。漫画ではバーッと墨を大量に吐くタコがよく描かれるが、少なくとも飼育下ではそのようなことはほとんどない。対照的に、イカはよく墨を吐く。特に、何かに驚いたとき、不快に見えるときに多く墨を吐く。中でもコウイカ類は墨を貯めておく墨袋が大きく、たった一個体であっても容量一トン（千リットル）の水槽を真っ黒にすることができる。これを放っておくと自分が吐いた墨が鰓に絡まって酸欠になったり、水質が悪化したりと危険なので、我々は大慌てで海水を交換することになる。その様子は、米国ドラマ『ER緊急救命室』での患者への処置のような慌ただしさである。

総じて、墨吐きはタコにとっては最後の手段のように見える。彼らはもともと、体色変化や二足歩行といった術を使い、周囲の環境に溶け込み自身の存在を消すことを得意とする。それがバレてしまったとき、最後の一手として墨を吐いて逃げる。

室町時代から江戸時代にかけて暗躍した忍者も、背中に刀を背負っているが、それを抜くのは絶体絶命のときだけであったそうだ。彼らは闇に溶けこんでなんぼのもので、存在自体を悟られてはいけないのだ。

タコも同じで、彼らは海の忍びと言える。彼らにとって墨は忍者の刀のようなもので、いざというときのための武器だろう。それを吐くというのは、相応に鬼気迫るものがあるのではないだろうか。

そう考えると、マダコとウデナガカクレダコ、そしてソデフリダコが同種同士の対面で見せた振る舞いは、似ていても意味合いが異なるものであることも考えられる。少し大胆に言えば、後二者では同種他個体に対する警戒感や嫌悪感を伴わない関心が行動に現れたのではないだろうか。この点については、今後も検証が必要だ。

ソデフリダコのビデオプレイバック実験

動物行動学の実験手法にビデオプレイバック法というものがある。録画した映像を実験対象の個体に見せて反応を調べるものだ。これを木村君（前掲）に提案し、ソデフリダコで試してみた。

前節で紹介した対面実験で、対面しているソデフリダコをビデオカメラで録画し、この映像を別のソデフリダコに見せてみた。自分を見る同種他個体の映像を見たソデフリダコの反応を観察するのだ。

また、灰色の壁を映した映像も用意し、ソデフリダコに見せた。これは対照群で、「ソデフリダコの映像」に対してのみ特異的に見られる反応があるのかを見極めるのに必要なものだ。

同種他個体のビデオ映像に対して、ソデフリダコは移動行動を多く見せた。先の対面実験でもソデフリダコは移動行動を見せたが、これは接近や逃避に伴うものだった。一方、同種他個体のビデオ映像に対して見せた移動行動は、接近や逃避をするための移動ではなかった。

また、ソデフリダコは、腕または外套膜を動かすという行動もビデオ映像のソデフリダコに対して多く表出した。これらは本物のソデフリダコに対しても多く示した行動だ。ただ、映像のソデフリダコに対する接近、腕を伸ばすという行動は、本物のソデフリダコに対する場合に比べると減少した。

どうやらソデフリダコは、映像に映る同種他個体をリアルな存在とは見なしていなかったようだ。そのため、映像に接近するでもなく、映像から逃避するでもなく、水槽の中を移動した。そういうことではないだろうか。

さりとて、映像のソデフリダコを異質なものと捉えていたわけでもないようだ。頻度は少なかったが、映像の同種他個体に対して腕を伸ばす行動も見られたからだ（図4-8）。映像の同種他個体に対して興味を示したのだ。

タコでビデオプレイバック法を初めて行なったのは、マッコリー大学（オーストラリア）のレナータ・プロンク氏らで、実験結果を二〇一〇年に実験生物学の学術雑誌に報じている。実験対象はシドニーダコで、同種他個体の映像と餌生物であるカニの映像を見せたところ、カニの映像にはタコはすぐに接近するが、同種他個体の映像からは逃避した。

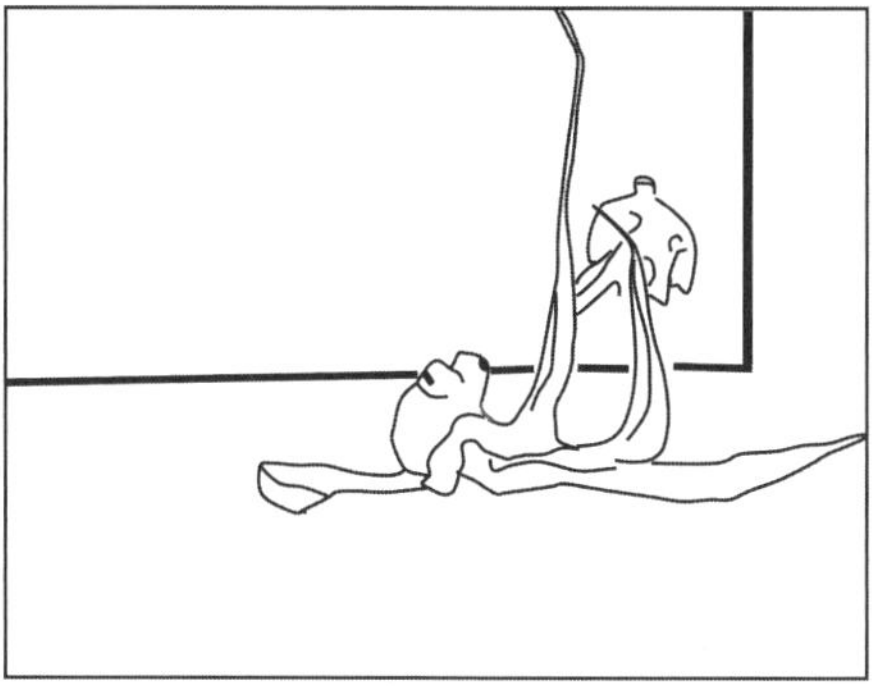

図4－8　同種他個体のビデオ映像に腕を伸ばすソデフリダコ（Kimura & Ikeda未発表）

後者の結果については、顔見知りは許容し、見知らぬ者は避けるとも捉えられる。

ただ、オクトポリスでは、縄張りに侵入する輩に対してシドニーダコは威嚇のディスプレイをし、追い出すという行動をとったので、それとは矛盾する結果にも見える。また、見知らぬマダコ同士の対面では、相手に対する干渉が多かったこととも反対の結果に見える。タコの社会性をひとくくりにして説明するのは、現時点では難しい。

解釈は措《お》くとして、研究のブレイクスルーは手法からもたらされることがある。

ビデオプレイバック法は、対象とする実験動物がビデオ映像を「そのもの」と認識する能力を前提とするもので、従来は高次の脊椎動物がその対象であった。

つまり、ビデオプレイバックの映像を認識し理解できるのは、一定以上に脳が発達し、認知能力に秀でた動物ということになるだろう。その方法をタコで行なえたのは、画期的なことと言っても良いと思う。これにより、例えば、タコとトリを同じ尺度で比較することができる。言い換えれば、タコを知性研究の同じ土俵に載せることができたということだ。その意味では、前述のプロンクらの研究は意義深いものがあるし、私たちもそのシステムを自分たちの研究に取り込むことができたと言える。

本章ではタコの社会性について紹介した。と言っても、このトピックについては体系的な研究自体がなく、最近になって注目され始めたものである。タコの社会性を調べるには、多くの種類のタコを抱える沖縄は格好のフィールドだ。その実態解明にはまだしばらくの歳月が必要だろう。

最終章となる次章では、タコを私たちヒトと対比させ、タコから私たちが学ぶことができる事柄について考えを巡らせてみたい。

第五章

吾輩はタコである

一九八四札幌

序章にならい、最終章も私的経験談から始めよう。

中学でも高校でも、国語という科目に特段の思い入れはなかった。そんなわけだから、授業で紹介される文学作品にもさしたる関心は抱かない。夏休みの推薦図書に挙げられる、明治や大正の文豪が書いた文学作品もどうも好きにはなれない。私は文学からは遠い位置に立っていた。

かつて全国の大学がそうであったように、私が北海道大学に入学した時分には教養部《きょうようぶ》という部局があった。大学に入ってもいきなり専門の学部に進めるわけではなく、その前に文系、理系を幅広く学ぶのが教養部であった。

教養部一年目のとき、「日本文学講読」という講義を受講した。担当の教官は、日本近代文学を専門とする和田謹吾《わだきんご》教授だった。

なにも大学で文学に目覚めたわけではない。和田先生は出席にはうるさくなく、容易に単位をくれる、いわゆる「仏《ほとけ》」に分類される先生だったのがこの講義を選択した主な理由だ。ちなみに、仏の反対の先生は「鬼《おに》」という隠語で呼ばれ、容赦なく不可の判子を押す人として恐れられた。我々、教養部生は、その出所は不明な「鬼仏表《きふつひょう》」という教授陣のプロフィールを記した藁半紙《わらばんし》に目を凝らし、選択すべき講義を決めていた。

私は水産学部に進むコースにいたが、どの学科に進むかは希望制で、つまるところは教養部の成績がものを言った。当時、一番人気の水産増殖学科を希望していた私には相応の成績が必要で、「仏」の先生の講義は最優先で選択対象となった。そういうスケールの小さい現実的な理由で、私はこの講義を取ったのだ。

しかし、それが予期せぬ経験を招いた。

半期を通じた講義では、和田先生が一貫して夏目漱石の作品を解説していく。この小説はこうだああだと述べる作品解説なら、中学や高校でも聴いたような記憶がある。だが、和田先生のそれはいわゆる解説ではなく分析であった。

定年退官を翌年度に控えた和田先生は、奥行きのある教室にゆっくりした足取りで入ると、横長の黒板に年表を書いた。上段には漱石の作品とその時々に漱石の置かれていた状況を、下段には日本で起きた出来事を書き、上段と下段のトピックを相互に照らし合わせていくのだ。

なぜ漱石は『坊っちゃん』という作品を書いたか。それを、その当時の漱石の立場、それに起因する漱石の心理、そしてそれらに影響を与えたと思われる日本の時代背景から読み解いていく。つまり、夏目漱石という人間を周囲の環境を含めて分析し、その内面が吐露された対象として作品を分析するのだ。

その緻密で、科学的とも思えるアプローチに私は取り込まれ、出席を取らないこの講義に毎回顔を出した。漱石という人に、その作品に、ひいては、明治や大正の文豪たちの手による文学作品に初めて心を動かされたのである。

「漱石の作品を全部読もう。」勝手にそんな目標を決め、漱石作品を発表順に読み進めた。ただ読んだというだけで、それを十分に理解できたかどうかははなはだ怪しい。だが、大学とは本来、効率や成果の対極にある何の利益も生み出さないことに取り組める場所だ。私はそんな大学時代を一九八四年の札幌で過ごしていた。

さて、漱石の処女作品『吾輩は猫である』はこんなふうに始まる。

「吾輩は猫である。名前はまだない。
どこで生れたかとんと見当がつかぬ。何でも薄暗いじめじめした所でニャーニャー泣いていた事だけは記憶している。吾輩はここで始めて人間というものを見た。」

漱石自身をモデルにした珍野《ちんの》苦《く》沙弥《しゃみ》先生の家で飼われた吾輩こと雄猫が、苦沙弥先生と彼を取り巻く人々の日常を猫目線で語っていく物語だ。

猫よりもだいぶ前に地球上に現れたと考えられるタコは、私たちヒトをどのように見て、語るのだろうか。

彼らは発声器官を欠き、話すことはできない。体色を様々に変え、それを介して同種同士でコミュニケーションを取っているとも考えられるが、詳細な会話の内容（仮にそれがあるとして）は、まだよくわからない。

映画『未知との遭遇』で、宇宙人が宇宙船からリズミックな音を送ってヒトと交信を試みたように、いつか私たちもタコと何らかの媒体でコミュニケーションが取れるようになるかもしれない。

このようなことを思いつつ、本章では私たちがタコの様々な振る舞いから学び、感じ取れることをやや大胆に語り進めてみたい。まずは鏡の世界を覗いてみよう。

鏡像自己認知

私たちは鏡を見たとき、そこに映っているのが自分だとわかる。当たり前のことだが、実はこれがかなり高度な能力なのだ。言い換えれば、これは「私は私である」という、自己という存在を理解する能力とも言える。

鏡に映った自身の像を、その像を見ている自分と同じだと理解できる能力は鏡像自己《きょうぞうじこ》認知《にんち》と呼ばれる。ヒト以外でこの能力を示す動物は限られている。いや、限られているとされてきた。

一九七〇年代に遡るが、テュレーン大学（米国）のゴードン・ギャラップ・ジュニア博士が、チンパンジーに鏡を見せ、彼らが鏡に映る自身の像を自分だと理解していることを確認し、科学雑誌の『サイエンス』に報告した。自己という概念をヒト以外の動物にも広げる印象的な研究だ。

ギャラップ博士が用いた方法は非常にシンプルで、チンパンジーに鏡を見せて観察するというものだ。鏡を初めて見たチンパンジーは、最初はそこに映っているのが他のチンパンジーだと思うのか、戸惑う。他者だと思うのか、威嚇をすることもある。社会的行動と呼ばれるものだ。

しかし、そのうちに、自分の顔を触ったり、舌を出したりしだす。「あれ、これひょっとして自分じゃないか?」そんな感じで、確認を始める。自己指向性行動《じこしこうせいこうどう》というものだ。社会的行動が減少して自己指向性行動が出てくると、その動物が鏡像を自分だとわかっている可能性が高い。

さらに、ギャラップ博士は巧妙な実験を行なった。チンパンジーに麻酔をかけ、麻酔が効いている間に、チンパンジーの顔に染料をつけるのだ。しかも、チンパンジーが自分では決して見ることができない、額《ひたい》などに染料をつける。チンパンジーが麻酔から覚醒したら鏡を見せる。

「あれ? こんなところに何かついている」と、チンパンジーが鏡を見ながら額につけられた染料を手で触れれば、このチンパンジーは鏡に映った自分を自分だと理解していると判断できる。マークテスト、またはダイテスト(ダイは英語のdye《染料》の意味)と言われる実験手法だ。勿論、チンパンジーにつける染料は無臭で、匂いでそれを嗅ぎつけることはできない。

マークテストをしてみると、マークをつけられたチンパンジーは、覚醒後に鏡を前にしてマーク塗布部位を指で触れた。鏡像自己認知が認められるのだ。ギャラップ博士はオランウータンでもマークテストを行ない、鏡像自己認知を確認している。ヒト以外の大型類人猿で鏡像自己認知が認められたのだ。

ギャラップ博士の報告の後、マークテストは様々な動物で試みられた。しかし、結果は否定的なものばかりであった。

しかし、二〇〇〇年を越えて、大型類人猿以外でも鏡像自己認知が報告された。ハンドウイルカ、アジアゾウ、カササギがそれだ。水の中に暮らす鯨類《げいるい》、地上を歩く長鼻類《ちょうびるい》、空を飛ぶ鳥類という、生活圏も分類学的な位置も異なる動物で、自分は自分だとわかる能力が確かめられたのである。

とはいえ、これらは哺乳類と鳥類。高等脊椎動物の面々だ。ごく最近、ここに新たな名前がリストに加わった。掃除魚《そうじうお》として知られるホンソメワケベラだ。自分よりも体の大きな魚についた寄生虫《きせいちゅう》を、ポツポツとこまめに食べてあげるこの小さな魚に、鏡に映る自分を自分と認知する能力があるのだ。大阪市立大学の幸田《こうだ》正典《まさのり》博士らの研究である。

さらに、鏡像自己認知の可能性がオニヒトマキエイで確認された。こちらは南フロリダ大学（米国）のシラ・アリ博士とドミニク・ダゴスティーノ博士の研究で、水族館で飼育されているオニイトマキエイに鏡を見せて実験したものである。

魚類は鳥類と哺乳類よりも系統的に古い動物であるが、大きく真骨魚類《しんこつぎょるい》と軟骨魚類《なんこつぎょるい》に分けることができる。サメやエイから構成される軟骨魚類は、サンマやイワシ、そしてホンソメワケベラなど多くの魚類が所属する真骨魚類よりも系統的に古い。そんな軟骨魚類の一種でも鏡像自己認知の可能性が見られたことは、私たちが抱く知性へのイメージの再考を促すものと言えるかもしれない。

タコやイカは海の霊長類と言われる。フランスの海洋冒険家、ジャック=イヴ・クストーの言葉だ。チンパンジーは正真正銘の霊長類だが、チンパンジーが鏡の中の自分がわかるなら、海の霊長類のタコやイカだって鏡に映った自分の像を理解できるのではないか。少々乱暴な論理だが、私はアオリイカで鏡像自己認知を調べてみた。

アオリイカは予想に反してというか、予想もしていなかったというか、鏡に非常に強い関心を示した。鏡に近づき、凝視し、しまいには腕の先で鏡を触るのだ。

これだけでは鏡像自己認知とは言えないが、鏡像自己認知を示す動物に共通するのは、鏡に関心を示すことだ。最初から全く関心を示さない、近づくこともない動物もいる。その点からすると、アオリイカが鏡に対して示す行動はとてもユニークだ（図5−1）。

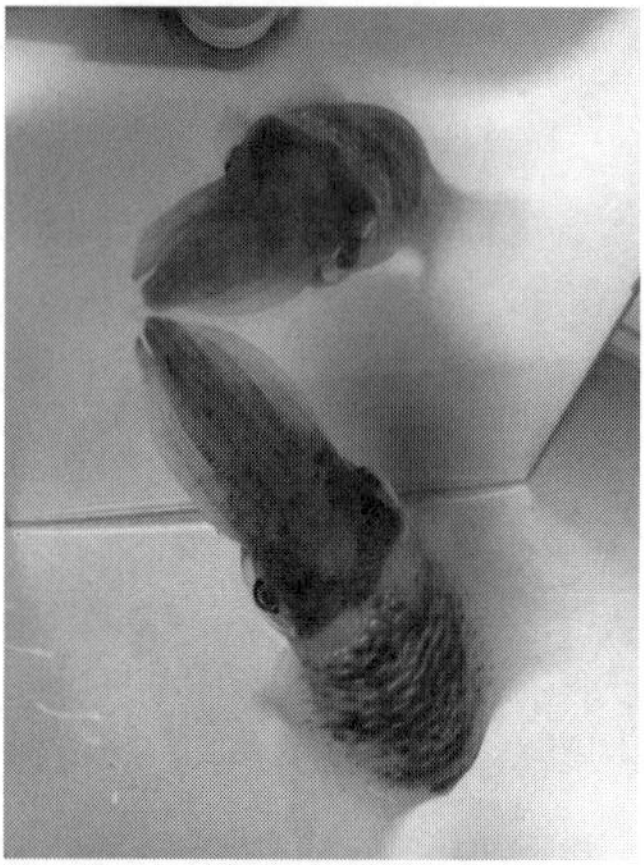

図5-1　鏡を見るアオリイカ（外套膜にマーク染料が注入されている）

そんな発見があり、私はアオリイカの鏡像自己認知を探っていった。この辺の詳細は、拙著『イカの心を探る――知の世界に生きる海の霊長類』（NHK出版）に記したので、興味のある方はお読みいただければと思う。また、鏡像自己認知そのものについては、板倉昭二《いたくらしょうじ》著『自己の起源――比較認知科学からのアプローチ』（金子書房）が好著だ。この本は私に鏡像自己認知という、ワクワクする事象を初めて教えてくれた本でもある。

さて、琉球大学に赴任してからアオリイカで鏡像自己認知を追う一方で、私はタコについても鏡像自己認知を探ることとした。生物学の世界では、ある現象について色々な種を対象に調べる種間比較というアプローチが採用される。分類学的に同じグループに属するものたち、同じ系統のものたちで特定の行動を調べ、その類似性や違いを調べるのである。そうすることで、その行動の意味や、それがどのように獲得されてきたのかという歴史的経緯を類推することができる。

このような考えのもと、私はウデナガカクレダコ、ヒラオリダコ、サメハダテナガダコ、オオマルモンダコに鏡を見せてみた。何れも、沖縄本島沿岸に暮らすタコたちだ。

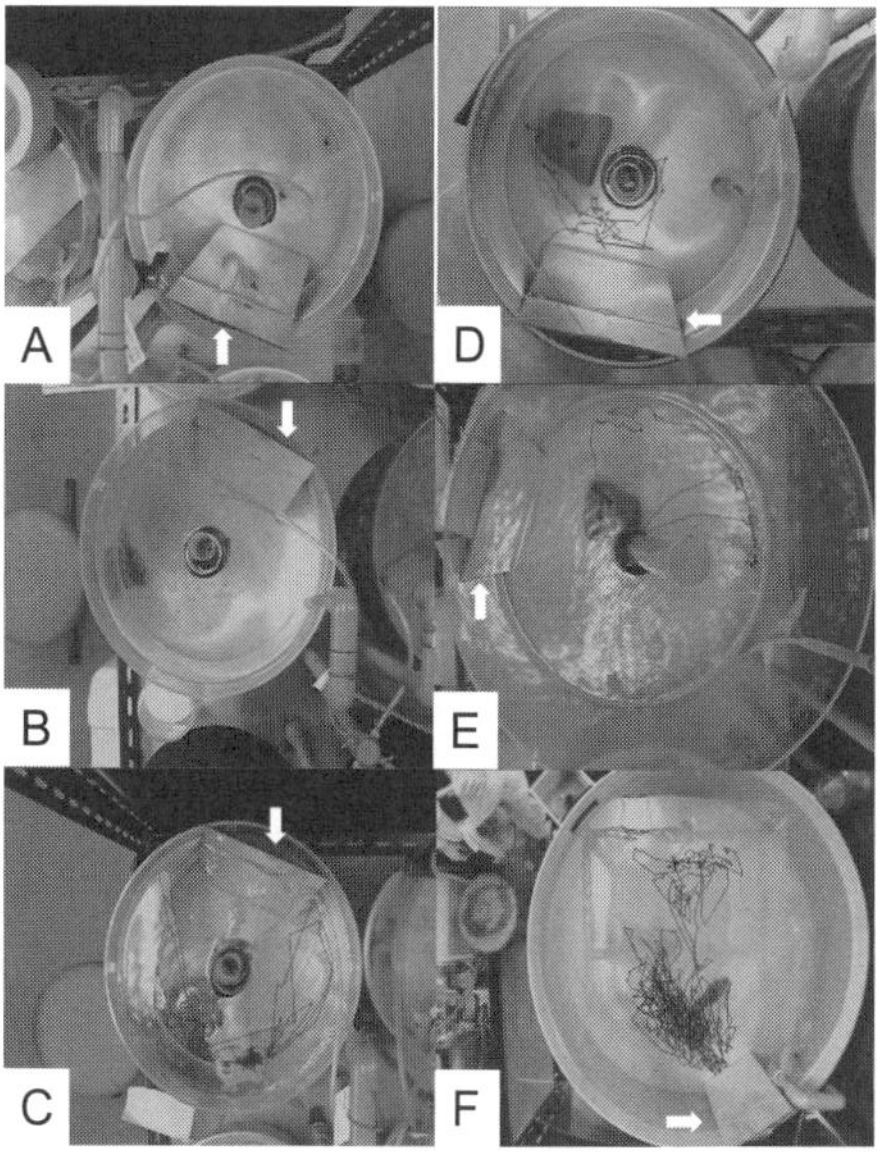

図5-2　鏡を前にしたタコ。A）ウデナガカクレダコ、B）ヒラオリダコ、C）サメハダテナガダコ、D）ソデフリダコ、E）オオマルモンダコ。円筒形の水槽を上からみたところ。矢印は鏡、折れ線は実験個体の行動軌跡（動いた跡）を示す。対照としてアオリイカ（F）も掲載。写真はある時点でのショット（Ikeda & Matsumura未発表）

アオリイカとは異なり、どのタコも鏡にほとんど関心を示さない（図5－2）。水槽の中に二〇分間ほど鏡を提示するが、壁に張りついたり、底に座したりして、ほとんどのタコがじっと動かない。サメハダテナガダコやソデフリダコなどは、鏡に近づいたかと思いきや、鏡の裏に回ってしまう。鏡像に対して強い関心を示すアオリイカとは随分と違う。どうも自分が映った鏡に対して、タコは関心がないようだ。

一つ印象的な例外があった。

私の研究室では、筒状の水槽でタコを個別に分けて飼育する。一緒の水槽に入れて無用な喧嘩をされても困る。個体間の干渉を低減するための個別飼育だ。実験では、再現性を見るために同じ種のタコでも複数の個体で同じ実験をする。

通常、タコの行動は水槽の上に設置したデジタルビデオカメラで撮影し記録する（図5－2）。実験者が直接タコを観察すると、タコがそれを気にして自然な行動を示さないかもしれない。そういう点からも記録はカメラに任せ、実験者は少し遠くから様子を窺うことになる。

ウデナガカクレダコに鏡を見せたときだ。

横並びになった水槽に、一つずつ縦長の鏡をそっと入れて水槽壁に垂直に立てかけ、タコの行動を記録する。一つの水槽のタコがどうもソワソワとしている。いや、外の様子が気になってしょうがないという感じだ。

「横で何をしているのだろう」とでも思っているのか、水面から眼を出してそちらを見ようとする（図５－３）。とても気になっている様子だ。

図５－３　水面から眼を出して周囲を窺うウデナガカクレダコ

そして、件のタコの実験の順番が来た。他のタコと同じように、私は、水槽に鏡をそっと入れて、デジタルビデオカメラの録画スタートボタンを押し、少し離れた位置に立って水槽を見ることにした。その位置からでは、水槽の中の様子はわからない。縦長の鏡の先端が水槽から少しだけ出た状態が見てとれる。

すると、普通にはあり得ないことが起きた。水槽の上から少しだけ出ている鏡が動いているのだ。

「なんだ、これは？」

鏡はタコが軽く触ったくらいでは動かない。そもそも、先に述べたように、ウデナガカクレダコや他のタコに鏡を見せても何の反応も見られなかった（図5－2）。彼らは、そこに何か（鏡）が置かれ、どうやらそこにタコがいる（映っている）ことはわかっているのだろうが、動こうとはしない。「何だか危なそうな奴が目の前にいるから、じっとしておこう。」君子危うきに近寄らずといったところだろうか。

しかし、周囲のことばかり気にして見えたウデナガカクレダコ氏の場合は違った。鏡が動いているのだ。勿論、鏡がひとりでに動くはずはないし、地震速報が出たわけでもない。考えられることはただ一つ。水槽の中にいるタコが鏡を動かしたのだ。

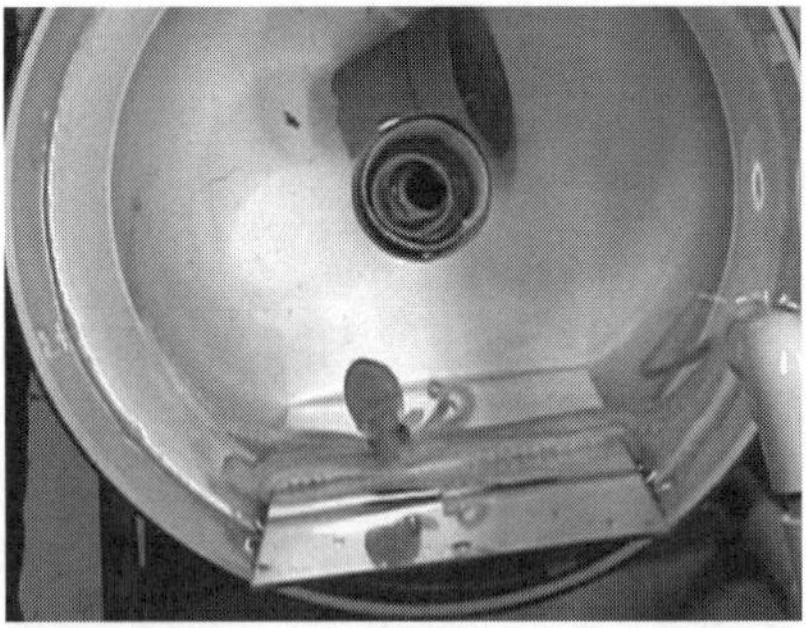
図5－4　鏡を持ち上げるウデナガカクレダコ
（Ikeda 未発表）

私はことの真相を確かめたくて、実験を終えてからすぐにビデオ映像を見てみた。すると、そこには、鏡を触り、しまいにはそれを腕で抱きかかえて持ち上げようとするタコが映っていた。紛れもなく、タコが鏡を動かしていたのだ。いや、正確には、鏡を持ち上げようとしていたのだ（図5－4）。

この行動は、鏡像自己認知を期待させるものではなかったが、別の興味深い事柄を示している。それは、タコに見られる好奇心の強さであり、その個体ごとの違いである。

タコは単独でいることが多く、群れもつくらないとされる。そのため、非社会性と区分されている。いわば、他人に関心がないのだ。しかし、実際はどうも違う。彼らは周囲に強い関心をもっている。鏡を持ち上げたウデナガカクレダコ氏はそれがことさら強い個体だったのではないだろうか。

性格

私たちには性格と呼ばれる特性がある。引っ込み思案、短気、心配性など。ヒトにはそれぞれ特有の性格がある。

最近の研究から、ヒト以外の動物にも性格があることがわかってきた。ニホンザル、イヌ、などなど。昆虫にだって性格と呼べる個体の違いが認められる。

性格を決めるものとして、性格関連遺《せいかくかんれんい》伝子《でんし》というものも特定されている。つまり、性格は生まれもったものという側面があるのだ。

頭足類については、ダンゴイカ科のタスマニアミミイカで性格が詳しく調べられた。タスマニア大学（オーストラリア）で大学院生として研究したデイビット・シン博士らによる一連の仕事だ。

タコでも性格と呼べる特性が以前に報告されている。鏡を持ち上げようとしたウデナガカクレダコ氏は活発で積極的な性格と言えそうだ。積極的な性格は英語でボールド（Bold）と言う。反対はシャイ（Shy）。鏡を前にしてじっと動かなかったウデナガカクレダコはシャイ、恥ずかしがり屋、消極的な性格といったところだろうか。

なぜ単独性と考えられるタコで性格の違いがあるのか。これは結構難しい問題だ。なぜなら、個体ごとの違いは、複数の個体が集まった社会において見られるのが普通だからだ。つまり、社会性の動物ならば、性格の違う個体がいることで、その社会集団に多様性が生まれ、様々な出来事に柔軟に対応することができると考えられる。実際、群れという社会集団をつくるアオリイカでは、性格と考えられる特性が認められる。杉本親要君（前掲）と京都大学の村山美穂《むらやまみほ》先生との共同研究として進めた研究だ。

では、群れをつくらないタコでどうして性格？

明確な答えにはならないが、集団という形態をつくらなくても個体の違いは存在し、それは個体レベルの生き方の違いを表すと言えそうだ。ボールドなタコは、おそらく餌を捕まえるといった攻撃も積極的に行なうだろう。繁殖期にメスを獲得する行動も果敢に行ないそうだ。その結果、誰よりも早く多く餌を捕まえ、子孫をつくることにもいち早く成功する。シャイなタコはこの反対だ。しかし、それなら皆ボールドになれば良いのにとも思うが、現実はそうでもない。

ボールドな個体はボールド故に何にでも早く手を出す。そのため、危険も冒しやすい。換言すればこのような個体は目立つので、外敵に襲われる確率も高くなると考えられる。パクリと食べられたらそれまでだ。次世代を残すことはできず、ジ・エンド。反対に、シャイな個体は慎重なので、外敵に狙われる危険性はボールドよりは低いだろう。つまりは、ギャンブルな生き方をするか、堅実な生き方をするか、性格の違いはタコの個々の生き方戦略を表していると言える。

なお、動物の性格とそれを司る遺伝子については、村山美穂著・松沢哲郎監修『遺伝子は語る』（河出書房新社）で詳しく紹介されている。

鏡像自己認知、続く

沖縄に暮らす五種のタコに鏡を見せてみたものの、鏡への強い関心は見られなかった。このことはつまり、それぞれの種の単独性を強く示唆しているのだろうか。

鏡に映った自身の像を仮に他個体だとタコが認識していたとしても、それに近寄ったり、凝視したりという明確な行動は示さなかった。もしもタコに社会性が備わっているなら、ネガティブなものでもポジティブなものでも鏡に映るタコの像に何らかの関心を示すはずだ。

鏡像自己認知はそもそも社会認知というカテゴリーに分類される能力で、社会性に関係するものである。その前提となる鏡像への関心が欠落しているなら、その動物に社会性を想定すること自体が難しくなる。

一方、これまでに行なわれた様々な動物を対象とした鏡像自己認知の実験では、対象とする種の生物学的特性をよく考慮する必要性も指摘されている。その種の本来の行動を引き出すことができないなら、鏡を見せても意味がないことになる。

沖縄のタコを対象に行なった鏡実験を振り返り、はたと一つの事柄に思い至った。「活動リズムが関係しているかもしれない。」

生物には昼行性、夜行性など一日のうちで活発に動く時間帯が決まっている場合が多く、それを活動リズムという。厳密には、これは活動リズムの中でも日々繰り返される概日《がいじつ》リズムと呼ばれるものだ。

琉球大学二一世紀COEプログラム「サンゴ礁島嶼《とうしょ》系の生物多様性の総合解析―アジア太平洋域における研究教育拠点形成」にメンバーとして参加していたとき、サンゴ礁に暮らす生き物のリズムを調べる研究を行なった。ターゲットにしたのは、ウデナガカクレダコとソデフリダコの二種（口絵⑫、⑭）。どちらも沖縄の海ではポピュラーな熱帯性タコ類だ。

信州生まれで天来のダイバー、学部四年生の柳澤涼子《やなぎさわりょうこ》さんに、この研究課題を提案した。明暗の照明条件を設定して水槽内にタコを収容し、連日、途切れることなく行動をビデオカメラで記録し、活動の様子を詳しく分析するというものだ。

連日連夜にわたる記録映像から、ソデフリダコが夜間になると巣である植木鉢から出てきて動く様子が観察された。活動帯を明暗の帯で時間を追って描いてみると、昼間は動かず夜間は動く明瞭なリズムが見て取れた。

一方のウデナガカクレダコは、昼夜にわたりのべつ幕なしで動いているように見えたが、詳しく分析するとソデフリダコと同じく夜行性のリズムが描き出された。両種とも夜に出歩く奴らだったのだ。実験の成果は、随分と後の話となったが、生物リズムの専門誌『バイオロジカルリズムリサーチ』に二〇一八年に掲載された。

さて、タコの鏡実験である。個々の種の活動リズムを考えると、活動時間帯に鏡を見せる必要がある。非活動時間帯に鏡を見せても、タコは関心を示さないだろう。私たちだって眠たいときに仕事をしろと言われても億劫なだけだ。

先に紹介した熱帯性タコ類の鏡実験は、昼過ぎの一定時刻に行なっていた。そもそもその時間帯は、これらのタコたちの活動時間帯から外れている可能性がある。タコがアクティブなときにこそ鏡を見せてみるべきだ。

こうした考えのもと、ヒラオリダコ（口絵⑬）で再度、実験を行なった。今度は、日が昇って間もない頃、つまりはこのタコがまだ活発である時間帯に鏡を見せてみた。ヒラオリダコでクロスモーダル認知の研究を進めていた川島菫さん（前掲）から、このタコは朝方には活発に水槽内を動き回ることを教えてもらったからだ。実験では、早朝に別の実験を行なっていた川島さんの協力を得た。

鏡実験のやり方は先に紹介したものと同じだ。水槽の中に縦長の鏡を入れ、ヒラオリダコに見せるというものだ。結果は前回とはやや違う様相を呈した。

水槽に忽然と現れた、見慣れぬモノ（鏡）を前に、ヒラオリダコはあちらの壁こちらの壁と、壁に沿って水槽の中を動き回った。そして、そろりそろりと鏡に接近し、鏡面にぺたりと腕を広げて張りついた（図５－５）。少し左右に振れ、最後は鏡の裏側に回り込んでジ・エンド。あとはそこから出てこない。

複数の異なる個体で、類似の行動が見られた。前回のように、全く動かないというのとは異なり、タコは水槽の中でよく動いていた。前に紹介したボールドと思われるウデナガカクレダコ氏と同じように、鏡を抱えるヒラオリダコも見られた。どうやら鏡には関心があるらしい。

ここに見られた鏡を前にしてウロウロする動きや、鏡に触る行動をタコにおける自己指向性行動

図５－５　鏡に触るヒラオリダコ（Ikeda未発表）

と捉えるならば、ひょっとしたらヒラオリダコにも鏡像自己認知が認められる可能性もある。タコは鏡に対して少なからず関心を示していたように見える。

一方で、鏡を前にして動かないケースも見られた。これは、その日その日のタコの様子を反映しているようだ。つまり、同じ個体でも、朝方に活発に動き回ることもあれば、あまり動かないこともあった。後者は概して少なかったが、いつもより早めに活動が低下することもあるのかもしれない。

また、早い段階で鏡の裏側に入り込み、全く出てこないということもあった。これは、鏡に映った自己像を同種他個体と認識し、それを避けようとして、その姿を唯一見ないで済む鏡の裏側に逃げ込んだと捉えることもできる。あるいは、単に鏡に関心がなかったとも言える。ただ、活発に動き回るときにも鏡の裏側に入り込む行動が見られたので、前者、つまりは同種他個体（実は自分の鏡像）を避けようとしたという解釈の方が妥当なように見える。

タコの活動時間帯を選んで鏡を見せることで、それまでとは違う行動をキャッチすることはできた。しかし、そこで観られたタコの行動についての解釈は難しい。

タコという動物、容易に尻尾、いや、腕は出さないようだ。

タコの鏡像自己認知については、その有無を含めてまだまだ検証が必要だ。はたしてタコに自己という概念はあるのか。社会性も含めて、これから沖縄に生息するタコたちを相手に鏡を見せ続ける必要がある。

表情

二〇一七年に、北九州の久留米で開かれた日本心理学会のシンポジウムに講演者として招待を受けた。

シンポジウムのタイトルは「生物種を越えてユニヴァーサルな『表情』: ヒト、イヌ、ラット、タコ・イカから考える」。シンポジウムを企画したのは広島修道大学の中嶋智史《なかしまさとし》先生。中嶋先生とは面識がなかったが、お誘いを二つ返事で承諾した。というのも、私はタコやイカで表情が重要なのではないかと再考していたからだ。

頭足類の進化発生学を専門とする知人の滋野《しげの》修一《しゅういち》博士（シカゴ大学）に、「頭足類のボディパターンは表情なのではないか」と言われ、ハッとさせられたことがあった。それまでの私は、頭足類のボディパターンを言語と捉え、それをイカで解明するアプローチを進めていた。ソングバードと言われる鳥たちには、さえずりに文法があり、同じ種でも生息地ごとに方言がある。これは言語の進化を考える上で興味深い事実で、言葉を発しないイカやタコのボディパターンを言語として捉えられないかと考えるようになったのだ。正確に言えば、頭足類のボディパターンが言語ではないかと最初に示唆したのは、スミソニアンパナマ熱帯研究所のマーティン・モイニハン博士だが、十分な検証例はなかった。

この考えに対し、ボディパターンは表情という滋野博士の捉え方は斬新なものに響いた。いや、毎日、イカとタコを見続けている身としては、何かが氷解したような感覚を覚えた。以来、私の中には表情という捉え方があった。滋野博士に限らず、表情の可能性を指摘する声があったことも影響を与えた。

先のシンポジウムでは、ヒト、齧歯類、イヌで表情を研究しておられる方たちと交流し、表情研究のフロントを垣間見ることができた。

そして、頭足類の表情という捉え方は、以前の研究を回想することを通じても、私の中で徐々に明瞭なものになっていった。

当時、京都大学の大学院生で、琉球大学の私の研究室でイカの防衛行動をテーマに博士論文の研究に取り組んでいた岡本光平《おかもとこうへい》君（現名古屋大学研究員）は、沖縄本島沿岸に生息するトラフコウイカ（口絵⑯）で大掛かりな実験を行なった。沖縄本島中部にある琉球大学の研究室で飼育していたトラフコウイカを、研究室のメンバーの協力のもと、沖縄本島北部に位置する琉球大学熱帯生物圏研究センター瀬底《せそこ》研究施設へ車で移送した。移送に際しては、トラフコウイカを一尾ずつビニール袋に海水と酸素とともにパッキングし、細心の注意を払って迅速に運ぶ。活魚輸送だ。

ちなみに、瀬底研究施設は日本でも有数の立派な臨海実験所だ。私は研究者としての修行時代、スタンフォード大学（米国）のホプキンス臨海実験所に身を置いた。日本の大学の臨海実験所は得てして敷地が小さく、常駐する教員も一名か数名というところが多い。おまけに、メインキャンパスから遠く離れ、僻地にある臨海実験所も少なくない。これに対し、ホプキンス臨海実験所は敷地も広く、常駐する教員も大勢いた。場所も米国有数の観光地、パシフィック・グローブという風光明媚な街。ここは、『怒りの葡萄《ぶどう》』などの作品で知られる小説家ジョン・スタインベックの生まれたモントレーの隣街で、ホプキンス臨海実験所はジャイアントケルプで有名なモントレー湾水族館と隣り合わせに位置している。日本の臨海実験所との大した違いに当時の私は驚いた。しかし、瀬底研究施設は、そんなホプキンス臨海実験所に負けない、内外に誇ることのできる施設。研究施設の目の前には熱帯の青い海が広がり、車を走らせるとジンベイザメで有名な美《ちゅ》ら海《うみ》水族館がそう遠くないところにある。現在はサンゴの研究で世界的な成果を発信し続けている。

顔色

岡本君は瀬底研究施設の大型水槽を使って実験を行なった。水槽の底に透明な円筒を設置してトラフコウイカ一尾をその中に入れる。トラフコウイカが所属するコウイカ目はタコと同じように底生性の行動特性があり、海底に体を着けて座していることが多い。そして、地物に化けるカモフラージュを得意とする。これもタコとよく似た特徴だ。

トラフコウイカを収容した水槽の上にはレールが設置してある。このレールには、大型の魚の模型が吊るしてある。紐を引っ張ると模型の魚が水中を移動する仕組みで、これはトラフコウイカにとっては捕食者という設定だ。模型なので実際にトラフコウイカを襲うことはないが、岡本君が自身で製作したこの大型魚類模型は人間が見てもギョッとするような不気味さをもつもので、こんなものが接近してきたらトラフコウイカもさぞ驚くだろうと思わせる代物だ。

透明筒の中に入っているトラフコウイカは体を底に着け、じっとしている。そこに大きな魚（模型）が接近してくる。紐を引っ張っているのは岡本君だ。魚の模型はトラフコウイカの上方を動くように設定してあり、その動き方は二通りで、トラフコウイカから見て水平方向と直進方向だ。また、直進方向の軌道はトラフコウイカの頭上および同じ深さの二通りあり、後者では真正面から模型が接近する。

実際に模型を動かしてみると、トラフコウイカから見て模型が水平方向と直進方向の頭上を移動したときには、トラフコウイカは隠蔽の体色パターンを出すようになる。自身の斜め上方を移動する大きな魚（模型）をトラフコウイカは知覚できているはずだが、逃げたりしない。相手（魚）が自分に気づいていないことに自信があるのだろう。

ところが、模型が真正面から直進してくると、トラフコウイカの体色パターンが劇的に変化するのだ。全身を黒化させる警戒の体色パターンを出し、魚が目前に迫ると眼の周りを黒化させる威嚇の体色パターンを出すようになる。存在を消しているのにも拘《かかわ》らず、それでも接近してくる捕食者に対して、警戒し、最後にはこれはいかんと威嚇のパターンを出して相手を驚かす手に変えたのだ。忍者が背中の刀を抜いたのである。

この実験は、イカの防衛行動が捕食者の動きに応じてどのように変化するかを検証したものだが、トラフコウイカの体色パターンの変化は彼らの情動的な側面も表しているように私は思う。

隠蔽から威嚇への移行は、いつもならやり過ごせるはずの状況で捕食者がなお接近する異常事態に対して、刻々と増加する焦燥感が体色パターンの変化に現れているようにも見える。これを表情の一つと捉えるならば、イカ、そしてタコの表情が彼らのボディパターンに現れると考えることはひとまず妥当ではないだろうか。なお、この実験の成果は、動物学の専門誌、『ズーオロジカル・サイエンス』に二〇一五年に掲載された。

初顔合わせ

捕食者に対してではなく、同種に対するトラフコウイカの反応も興味深い。タコと同じく底生性で群れをつくらないか、あるいは数個体がともにいることから、「半社会性」と区分されるコウイカ目の中にあって、トラフコウイカは社会性を感じさせる種だ。幼い頃から同種同士を集団で飼育しても、特に問題は起こらない。それどころか、同種同士が接着するような親密さを示す。先に紹介したソデフリダコのように、である。

こうしたことから、私たちはトラフコウイカに社会的な側面から注目してきた。東京の筑波大学附属高校出身の弓道家、学部四年生の中井友理香《なかいゆりか》さんがトラフコウイカで行なった実験を少し紹介しよう。二尾のトラフコウイカを対面させる。そして、その後の行動を観察するというものだ。

対面直後から二尾のトラフコウイカは接近し、目の前の相手を見る。そして、見合ったままでクルクルと回転を始める。刀を抜いて対峙する二人の侍が、相手を見つつ回る動きのようだ。

さらに、二個体のトラフコウイカは幾つかの体色パターンを出す。この体色パターンの表出を時間に沿って分析してみると、対面後の二〇秒ほどの間に目まぐるしく表出され始める。つまり、対面直後に体色が変わり、相手に接近して見合うという行動が起こるのだ。

これは相手を窺う行為であり、一種の挨拶のような行動ではないか。中井さんはそのように考えた。なるほど、それはあり得る解釈だ。一方で、対面直後のトラフコウイカに見る、複数の体色パターンが短時間で表出される様は、まさに表情ではないかと私は考えている。

同種とはいえ、急に見知らぬ相手が現れれば平静ではいられない。こいつはどういう奴だろう？　近づき、探りを入れる。その間に不安やら警戒やらといった心持が、体色パターンとして次々に発せられる。そのように見えるのだ。そして、相手が危なくないとわかり、「どうも」と挨拶する。抜いた刀をひとまず鞘に収めたというわけだ。

同じような対面実験を、同じコウイカ目のコブシメ（口絵⑰）でも行ない、対面直後の目まぐるしい行動表出が観察された。中井さんの一年後輩、地元、那覇国際高校出身のサッカープレーヤー、学部四年生の玉城佑哉《たまきゆうや》君が行なった研究だ。

なお、別の機会に、大学院生の安室春彦君（前掲）と学部四年生だった中津留翔吾《なかつるしょうご》君が沖縄本島沿岸でコブシメの若齢個体が群れをつくっている様子を観察した。コウイカ目では初めての正式な観察記録で、二〇一五年に海洋生物学の専門誌『マリン・バイオロジー』に掲載された。コウイカ目の社会性を新たに示す知見だ。

コウイカ目とタコは底生性や単独性という行動特性から類似する頭足類だ。前者に社会性の側面があり、表情と思しき特性も見られる。それならば、後者、タコにも表情があるのではないだろうか。

タコを見てみよう。飼育しているタコを見ると、実験のために移動させるときなど、彼らにとって非日常を強いられる「危険」なときに、体色がバーッと暗化する。明らかに驚き、平静を失っているように見える。あるいは、タコに鏡を見せる実験をしていたとき、あまりにも動きがないので、眠ってしまっているのではないかと思い、鏡を彼らに急に近づけると、パッと眼が見開かれた。瞼が開き、中の黒目が大きくなったのである。彼らにとっては巨大な鏡の接近に、流石に驚いて目を丸くしたのだ。そのように見えた。これらは何れも、タコの表情を感じさせるものだった。彼らも心のうちが顔に出てしまうのである。

憤慨

もっと直截に心の内を現したと思しき例もある。大学院生の川島菫さん（前掲）と網田《あみだ》全《あきら》君がオオマルモンダコ（口絵⑤）の幼体を野外で捕獲し、研究室に持ち帰った。

オオマルモンダコはヒョウモンダコと同じく猛毒をもった小型のタコである。ヒョウモンダコと同じように体表にリング模様が配置されている。これは周囲に自身が危険生物であることを告げる警告色《けいこくしょく》の一つと考えられるが、ヒョウモンダコのリングに比べると一つ一つが大きく、大丸紋蛸《おおまるもんだこ》という名をもつ。オオマルモンダコ自体、いつでもどこでも目にするというわけではないが、その幼体となるとことさら珍しい。

ちなみに、捕獲者の網田君は、高校生のときに愛知県から琉球大学のオープンキャンパスにやってきて、私の研究室を紹介している部屋を訪ねてきた。研究内容が彼にヒットしたようで、そのまま琉球大学を志望して入学し、卒業研究の配属で私の研究室に入ってきたという人だ。こよなく海を愛し、野外観察能力に長けた青年で、剣道は二段の腕前。

折角のヒョウモンダコの幼体。私は、その名の由来となっている体表のリング模様が、いつから現れるのか追跡することを川島さんと網田君に勧めた。最初からリング模様がくっきり現れているわけではなく、どうやら個体発生の過程で出現すると思われたからだ。

その飼育の過程での出来事。水槽に餌を投下すると、オオマルモンダコの幼体は水槽の底に置いた巣から現れ、餌を捕捉すると巣に戻り食事をした。餌は冷凍のサクラエビの欠片である。これを解凍して与える。

その日は餌の解凍がやや不十分だったが、いつも通りにピンセットでつまんで水槽に投下した。これもいつも通りにオオマルモンダコの幼体が巣から出てきて、餌を捕捉し、また巣の近くへと戻っていた。しかし、突然、幼体は巣の近くから上昇し、水面近くまで戻ってきた。そして、先ほど捕捉したサクラエビの欠片を水面の向こうに立っている実験者（川島さんと網田君）に向けて水中で投げつけたのである。それに続き、八本の腕をバフバフと開閉した（図5－6）。腕を広げた際には口が見える。むしろ口を見せるような行為だ。また、この腕の開閉の際には、体表のリング模様をギラギラと点滅させていた。

いつもと違う、半解凍のまずい食事が饗されたことに、オオマルモンダコの幼体は明らかに憤慨したのだ。
「なにこれ!?　こんなもの、食べられるか!!　もう怒ったぞー」とでもいう感じか。見ているする側にそのように感じさせるオオマルモンダコの行動であった。

この個体は、水槽の外に立つ巨人を自分に食事を毎日くれる者と認識していたのだろう。不快な思いをさせた当の巨人にあからさまに怒りをぶつけた。表情どころか、体全体を使って憤慨を示したのだ。まだ幼いタコが、不快や怒りという感覚をもち合わせているのではないかと思しき一幕であった。

この出来事も含めて、オオマルモンダコ幼体が見せた事柄は、二〇一九年に軟体動物の専門科学誌『モラスカン・リサーチ』に掲載された。

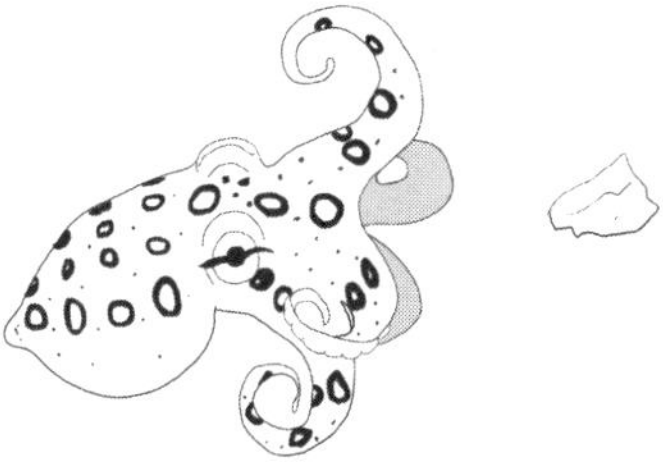
図5-6　餌（右）を放り出して腕を広げるオオマルモンダコの幼体

以心伝心

動物に見られる表情。自身の内面を表に出すなんて、それは動物だからだよ。そう考えたくもなるが、「顔に出る」という言葉にある通り、表情は私たちヒトの特徴だ。顔だけではなく、体の動きにも心の内面がつい現れる。例えば、そわそわするという動作。心中穏やかではないという状況が、動作に現れるのだ。私たちは思いのほか、心のうちを表に出してしまう。ＦＢＩ捜査官は容疑者の仕草に注目し、取り調べをするそうだ。

一見すると、自身の心のうちを他者に示すことは不利益をもたらし、不要のもののように思える。一方で、社会の中では様々な情報が伝達される。特にそれが生命の危機に関わることであれば、情報として共有することの意味は大きい。捕食者が接近したことを、同種他個体の驚愕《きょうがく》の表情を通じて知ることができれば、それは自分の身を守るという点で有益だ。

思わず出てしまうのが表情ならば、それをコントロールして表出することはできない。コントロールできないのが厳密な意味での表情だからだ。つまり、意図せずして発しているのが表情ということになる。社会を構成する同種他個体に、捕食者の接近という緊急事態を表情により善意で教えているわけではない。「顔色ひとつ変えず」ということはできないのだ。

むしろ、思わず発した驚愕の表情が、結果として周囲にいる同種他個体にとって有益な情報として機能しているということだ。こうして、自分も助かり、同種他個体も助かり、それにより同種個体の集団、群れが存続する。

　群れの存続は、驚愕の表情を発した本人にとって有益だ。群れに身を置くことで、捕食者と餌生物発見の精度が上がり、繁殖相手と出会う機会も増える。一人で行動して資源を独り占めするという生き方もあるが、これには全てを一人で賄わなければならないという負担とそれに伴うリスクも伴う。社会性の動物は、得られる利益の大きさゆえに社会性を維持し続けていると言える。

　そう考えると、表情は社会性と強いつながりをもつと考えることができる。そして、それらがヒトを含めた異なる動物の分類群で見られるということは、それが現れた古い時代から失われることなく維持されてきたことを意味する。進化の過程で喪失することがなかったのだ。

　誰が最初に表情という行動形態をもつようになったのだろう。誰が最初に赤面し、鬼の形相になり、笑顔を見せたのだろうか。

　生物学的に考えれば、表情と考えられる行動を現世にあって表出する動物の祖先がその候補になるだろう。タコ、そして親戚のイカだ。

頭足類と呼ばれる彼らがいつ地球上に現れたかは、必ずしも詳らかにされていない。軟体部しかない彼らは化石を残しにくい。これが古生物学的なアプローチを行なう上では障壁となる。一方で、オウムガイや絶滅したアンモナイトなどその殻を化石に残す頭足類もいる。さらには、軟体部が丸ごと化石として残ることがある。まるで蛸煎餅に収まっているタコのように、タコの体が丸ごと化石として掘り出されることもあるのだ。

そのような情報からすると、頭足類の祖先はカンブリア紀辺りに地球上に出現したのではないかと考えられる。カンブリア紀はカンブリア大爆発で有名な、生物の多様性が一気に高まった時代だ。今のタコとイカの祖先となるものたち、つまりは鞘形亜綱（第一章参照）の祖先がいつ頃現れたのかはよくわからず、古生物学者たちが精力的に調査を続けている。およそ中生代くらいとの見方があるが、何れにしても哺乳類や鳥類が出現するより前の太古の時代である。

もしも、そのような時代に現れたタコとイカの祖先が、既に体表に色素胞と反射細胞をもち、神経を巡らせ、大きな脳と立派なレンズ眼を備えていたとしたら、彼ら祖先種もまた艶やかなボディパターンを表出していた可能性がある。外敵の接近に驚き、獲物の発見に沸き、同種他個体との遭遇に安堵や警戒の感を抱いたかもしれない。そして、それらを漆黒や縞、目玉模様、あるいは体表のトゲトゲとして即座に表現していたかもしれない。自身の情動を現す表情が、太古の海に生きるタコの体から豊かに発せられていたかもしれないのだ。

系統が古い、つまりはその祖先がかなり古い時代に現れたと考えられるタコに表情が認められるならば、表情という行動形態もまた古い形質と言える。想像をたくましくすれば、表情の起源はタコに、あるいはその親戚筋のイカも含めた頭足類にあるのかもしれない。

タコの祖先がオクトポリスのような都市をつくっていたのかは定かではない。仮にそのようなものがあったとすれば、それが一つの選択圧として働き、タコの体色変化や体表凹凸といったボディパターンが表情としての機能をもつようになったのかもしれない。

現在において、単独性と考えられるマダコのような種では、社会形態が失われたもののボディパターンを介した表情だけは残ったのかもしれない。それが生残や繁殖に特段の不利益をもたらすものでなければ、その発現に関わる遺伝子配列はマダコのゲノムに残されるだろう。あるいは、現在は表情ではない別の何かとしてその行動形態が用いられているのかもしれない。この点は、社会性が認められつつある熱帯域のタコも含めて、様々なタコで行動とそれに関わる遺伝的基盤を比較、精査していく必要がある。

分母であるタコ二五〇種に対して、分子となるタコの種数を増やし、タコ全体を見渡す取り組みが今後は有効になる。それはまた、ヒトに見られる表情の起源を探っていく旅でもある。そして、それは系統的には大きくかけ離れているタコとヒトが、何を共有し、何を共有していないのかを明らかにする道程でもある。

母性

出産予定日よりもかなり早く生まれてきた赤ちゃんは未熟児に分類される。以前は、未熟児は保育器の中で過ごしたが、現在では、一日の中で一定時間、母親が接触し抱く時間が設けられているそうだ。外界に出てきた赤ちゃんにとって、母親の腕に抱かれ、その声を聴くことは成長において重要な意味をもつとの認識からだろう。脳や感覚器など、赤ちゃんの体がつくられる形態形成は外界からの様々な情報入力の影響を受けて進められると考えられる。保育器は温度や光などの条件は制御されているが、それだけでは赤ちゃんの発育には足りないということだ。

母ダコは自ら生み出した卵塊である海藤花の世話をする（口絵⑨）。そこから我が子が孵化するまで、ずっと世話をし続ける。これは、頭足類の中ではタコに特有の行動だ（ただし、テカギイカは例外で、巨大卵塊を腕の中で孵化まで抱き続ける)。少し飛躍すれば、タコに見られる卵の保育行動は、赤ちゃんと母親のコミュニケーションの起源と考えられるかもしれない。

ヒトでは未熟児に留まらず、身籠っているときに母親がお腹の赤ちゃんに語りかけると良いという。聴覚が出来上がりつつある胎児は、お腹の中から母親の声を聞くことができるかもしれないからだ。

個人的な例で恐縮だが、私は自身の子どもの出産に立ち会った。難産の末に最初の子どもが生まれたとき、分娩台の上から家内が「赤ちゃん、赤ちゃん」と懸命に声をかけた(まだその子の名前を決めていなかった)。すると、新生児の我が子が、ぴっちり閉じられた瞼に力を入れて開け、声のする母親の方をこれまた懸命に探したのだ(そのように見えた)。音声がしたのでそちらを向いたとも考えられるが、常にお腹に語りかけていた母親の声を子どもが認識し、生まれ出てすぐにそれを追ったのだろうと私は考えている。

母性を思わせるタコの興味深い報告を紹介したい。

兵庫県立水産試験場(現兵庫県立農林水産技術総合センター水産技術センター)の安信秀樹《やすのぶひでき》氏と山本強《やまもとつよし》氏は、マダコの仮親行動について兵庫県立水産試験場研究報告に短い研究報告を発表している。一九九八年のことだ。

円形の水槽に一尾から四尾の雌のマダコと蛸壺を収容し、蛸壺への産卵を確認した。蛸壺は収容したタコと同数設置したので、一尾のタコが一つの蛸壺を利用できる勘定だ。

このうち、一尾のマダコが産卵後に死亡した。そこで、死亡した雌タコを水槽から取り除き、卵塊が産みつけられた蛸壺だけを残しておいた。そして、その水槽に別の雌のマダコとその雌が産卵した蛸壺を入れた。水槽には、生みの親を失った卵塊の入った蛸壺一個と、母ダコと卵塊の入った別の蛸壺一個が置かれたことになる。

ここで、人為的に二つの蛸壺を五〇センチほど離して置き、なおかつ、生きた母ダコが自分の蛸壺の中から、母親のいない蛸壺の中を直接見ることができない配置にした。こうしておいたところ、翌日から新参の母ダコは水槽内の二つの蛸壺の間を行き来して管理するようになった。さらに、母親を失った蛸壺を自身が抱卵している蛸壺に引き寄せて、両者の距離を五から一五センチほどに縮め、両方の蛸壺の中の卵塊の世話をした。片方の蛸壺にある卵塊は、他の雌が産んだものである。つまりは、他人の子どもの世話をせっせとし始めたのだ。

やがて、両方の蛸壺の中からマダコが孵化し始めた。調べて見ると、双方の卵塊の孵化数に大きな違いはなく、孵化した稚ダコはどちらも正常であった。

これは、タコ類で仮親行動と考えられる行動が見られることを報じた貴重な観察例だ。自身の子を残すために動物は行動するという適応度増大の考えに従えば、マダコに見られた仮親行動は明らかに矛盾する。他人の子どもの世話をしても自分の遺伝子は次代には伝わらず、それどころか余計なエネルギーを消費することになる。

この行動の解釈は難しい。非常に単純に考えれば、仮親行動を示したマダコは、自身が産み出した卵塊と他者が産み出した卵塊との区別がつかず、他者の卵塊も自分が産み出したものと勘違いして世話をしていたのかもしれない。

鳥類の中には、他種に自分の子どもを育てさせるものがいる。カッコウである。カッコウは他種の鳥の巣に自身の卵を産み落とす。すると、この巣の持ち主は、カッコウとは露知らず自身が産んだ卵と一緒に温める。少しだけ先に孵化したカッコウの雛《ひな》は、周りにある卵（この巣の持ち主の本来の子どもたち）を巣から落としてしまう。哀れな親はそれと知らず、一生懸命に別種であるカッコウを育てる。托卵《たくらん》として知られる行動である。

托卵は、魚類でも見られ、アフリカの淡水に生息するサカサナマズの仲間は、口内保育するシクリッドの仲間に托卵する。口内保育というのは、卵と生まれた仔魚を雌親が口の中に入れて世話をするというものだ。シクリッドの仲間はせっせと他種の子を育て、なおかつ口内のサカサナマズの仔は周りにいる他種の卵を食べてしまう。カッコウと同じである。

現在までのところ、タコで托卵は報告されていない。ここで紹介したマダコの場合、母親が死亡しているので、意図的に托卵したというものでは勿論ない。その点からすると、同種の卵があれば疑うことなくその世話をするという、托卵に関連した行動とも違うようにも思える。そうかと言って、種を存続させようという、生物学的には説明のつかない行為にマダコが及んだということでもないだろう。

マダコが産卵という行為を、そして産み出された卵塊をどこまで自分自身と結びつけて認識しているかはわからない。ただ、産卵は動物にとっては世代をつなぐ一大イベントである。私たちヒトでも、何らかの事情で他者の子を育てることはあるだろう。状況は異なるが、病院での新生児の取り違えはその明確な例となるかもしれない。このことを描いた映画『そして父になる』は大きな反響を呼んだ。生みの親か、育ての親か。遺伝子の継承だけでは説明のつかない事柄が人間の世界にはあるのもまた事実だろう。

母性という、やや曖昧な言葉の使用を許してもらうならば、マダコに見られた仮親行動は母性の現れかもしれない。彼らの学習と記憶の能力からすれば、自分が産卵した蛸壺を他の蛸壺と混同することはないのではないだろうか。あるいは、産卵という、生理的にいろいろなものが体内で動く生涯最後のイベントの中にあっては、意識（それがあるとして）が混沌とした状態だったのだろうか。仮にそうであったとしても、離れた蛸壺を引き寄せて、二つの蛸壺の中の卵塊の世話をする姿に、やや特別なものを感じてしまう。

実は、私はこの研究報告を、明石市にある兵庫県立水産試験場を会場とした研究集会で直接拝聴した。体系的な検証研究ではなかったが、その内容に非常に驚いたことを覚えている。その後の検証例がないが、タコという動物を考える上で今もって貴重な知見と言えるだろう。

「タコの知性」と銘打った本書も閉幕に近づいてきた。最後となる次の節は、本書のまとめとして、私たちヒトにも似ていると思える様々な特性をタコが身につけることになった経緯を想像の世界から描いてみよう。

時はヒトもいない時代に遡る。

アウトサイダー

はるか昔、タコは軟体動物の本家「貝家《かいけ》」に生まれた。正確に表現すれば、タコの先祖にあたる何者かが「貝家」を出自としていた。

貝家に暮らす者たちは、硬く大きな殻という盾をもち、その中に体を横たえていた。それが貝家の伝統だからだ。貝家の誰もそのことに疑問は感じなかった。

海は貝家の者たちにとって、暮らしの場である。ただ、彼らはもっぱら海の底を住まいとした。海の中をやたら動き回れば、恐ろしい魚たちに襲われて命を落としてしまうかもしれない。アノマノカリスという大きく扁平なエビのようなハンターも獲物を狙いにやってくる。海には危険が一杯なのだ。

だから、貝家の者たちは海の底に横たわり、殻を閉じてじっとしていることにした。こうすれば目立たない。もしも魚につつかれても、硬い殻をしっかり閉じていれば大丈夫だ。殻は強固な盾として自分たちを守ってくれる。

大海を知らずとも、泳ぎ回れずとも、地味でも結構だ。生き永らえることが何よりも大切だ。危険を冒すなどまっぴらごめん。海の底で静かに生きていく。それが貝家に生まれた者の「定め」なのだから。

古来守られてきたそんな貝家の定めに、辟易《へきえき》としていた者がいた。後にタコと呼ばれるようになった者だ。

海はあんなに広いのに、なぜ底でじっとしていなければならないのだ。おまけに、殻を閉じれば真っ暗で何も見えない。魚たちはスイスイ泳いでいる。体の細長い格好をした魚もいる。遠くへ旅に出るらしい。ウナギという名前だと聞いた。彼らはどこまでいくのだろう。

こんな古めかしい家を飛び出して、もっと広い世界を見てみたい。そんな思いが、日々、年々と募っていった。そして、彼はその思いを貝家の家長に告げた。

「家長様、外の世界に出たいのです。広い世界に行ってみたいのです。」

これを聞いた家長は言う。

「貝家に生まれた者は貝として生きるのです。殻を背負って、海の底でひっそりと暮らすのです。それが貝家の定めです。」

かの者もすかさず家長に返す。

「家長様、そんな因習に縛られるのはイヤです。私は未知の世界を見てみたい。どうぞお許しを。」

家長は少し広めに貝殻を開けて、毅然とした声で伝えた。

「そこまで言うなら出てお行き。でも、ひとたびこの家の門を出たなら、帰るところはないとお思い。」

かの者は一歩もひかない。

「出て行かせてもらいます。こんな重たい貝殻、ここへ脱いで置いて行きます。今日から私は貝ではなく、貝を捨てた者として生きていきます。」

そう言い残すと、殻をごろりと海底に脱ぎ捨て、後にタコと呼ばれるかの者はいそいそと貝家の門をくぐった。二度と入ることがないその門は、しばらくするとまた固く閉じられた。

こんなやりとりがあったかは定かでないが、タコの先祖にあたる生き物はどこかの時点で殻を捨て、貝とは違う生き方を選んだと思われる。その時代の特定は難しいが、古生代のカンブリア紀、あるいはそれよりも新しい時代のどこかであろうと推定される。

最初は、まだ殻をもったままだったのかもしれない。事実、円錐形の殻を身にまとったタコともイカともつかない生物の化石が見つかっている。これは絶滅したアンモナイトのものかもしれないし、それよりも前に出現したものかもしれない。この辺の領域は古生物学のテリトリーだが、現在のタコとイカの直系の祖先が何で、それがいつ出現したのかという特定は未だできていない。

多くの場合、骨など身体の硬い部分が残る化石を指標に、先祖たちの描いたドラマを古生物学では解いていく。しかし、タコやイカは硬い殻を捨てた者たちだ。身体の柔らかい部分、つまり軟体部がメインの彼らの場合、化石が残りにくいという事情がある。そのため、その出自をたどることは元来難しいのだ。

想像の域を出ないが、タコの先祖である何者かは貝家を飛び出たのだろう。彼は自由を求めて飛び出した、貝家のアウトサイダーとも言えるだろう。

後に彼は、あるいは彼女は、大きな脳を身につけ、立派なレンズの入った眼を備え、吸盤のついた八本の腕というユニークな道具で身を固めた。硬い盾で身を守るのではなく、さりとて強靱な牙《きば》で獲物を襲うのではなく、状況を読み取り、わずかな力で最大限の成果をあげる、賢さという武具により生き抜く術を体得した。

ざっとみれば、これが、タコがタコとして誕生するに至った経緯であり、貝家との決別の歴史だろう。

ちなみに、同じ頃、貝家を飛び出したもう一人のアウトサイダーが後にイカと呼ばれるようになる者、イカの祖先だ。彼らは、殻を捨て、知の武具を得るという点で同じように海の中へと旅立った。ただ、その後、両者は違う生き方をするようになる。長らく続いた幕藩体制を壊し、新たな国を創ろうと南端の藩から立ち上がった革命家、西郷隆盛と大久《おおく》保《ぼ》利通《としみち》のようにとでも言おうか。

巨大脳とレンズ眼、そして巧みに操作できる多くの腕。タコとイカに見るこの身体性は、本家に留まった貝たちとは大きく異なるもので、知の世界という、全く新しい地平を開くことにつながった。

一介の（?）貝から、背骨を備えた脊椎動物たちの中に入り込み、魚類や両生類、爬虫類たちを抜いて、高等という名の城に暮らす鳥類と哺乳類を驚かす存在となった。それがタコでありイカだ。

その姿は、現代日本の土台とも言えるシステムを、明日のことがわからない中で、ただひたすら走り続け、作り上げた、幕末の志士たちの姿とどこか重なるのである。

あとがき

私が中学生の頃、軽快なヒット曲を次々に飛ばすロックバンドがあり、歌謡番組にもよく出演していた。そのバンドでキーボードを担当していた音楽家が、とある楽曲ではドラムを担当したことがあった。

キーボードとドラム。同じ音楽を奏でる楽器であっても、両者はその音と操作法が随分と違って見える。なにかのラジオ番組で、この点について当の音楽家の対談があった。

「キーボードとドラムはかなり違いますが、演奏は難しくなかったですか？」

その質問へ音楽家がさらりと答えた。

僕はもともとピアノをやっていた。だから、ピアノの鍵盤をドラムに変えて、スティックで叩いただけです。

なるほど。言い得て妙な説明だ。その対象は大きく違って見えるが、何かを打つという点、それにより音を奏でるという点に着目すれば、ピアノマンがドラマーに変じることは、いともたやすいことのように思えてくる。

私はイカという動物を対象に研究者としての歩みを始めた。しかし、いつしか、イカというピアノを弾きつつも、タコというドラムを叩いてみたいと思うようになった。かの音楽家がそうしたように、同じ頭足類であってもイカとは似て非なるタコを、軽やかに叩き、その内から奏でられるメロディーを自ら聴いてみたいと思うようになった。そして、その憧れとも言える思いは、研究者としての本能を駆り立てるものへと変わっていった。

本書では、そんなピアノマンの私がドラマーに変じつつ覗き見た経験をもとに、タコについて語ってみた。とりわけ、私がかねてから関心を抱いている社会や知という側面に力点を置きつつ、紹介を試みた。その中では、タコについての古典的とも言える知見と、最近の知見の双方を紹介するように努めた。

とはいえ、タコに関する膨大な知見を順序良く紹介することは本書の目的ではない。そのため、論文として世に出た知見については、独断と偏見により取り上げるものを絞った。そのことで、科学的知見の紹介が不十分なものになったかもしれない。紙数の限られた新書故のこととお許し願えればと思う。なお、紹介した知見に誤りがあるとしたら、それは私の不勉強と理解不足の故である。

本書では、私の研究室で取り組んでいる研究もできるだけ紹介するように努めた。学問の世界に必ずしも関わっていない読者諸賢に、あるいは、これから大学に進み科学に触れようとしている若い人々に、研究の世界を、それに携わる人のことを実体験から紹介したいとの思いがあったからだ。時折挟む余談がことのほか長くなったきらいもあるが、学問が元来人間くさいものであることを知ってもらえたらとの余計なお節介から出たことと、これまたご容赦いただければと思う。なお、その中で紹介した私たちのタコ研究は、現在進行形のものが多く含まれている。それらは科学的には未完成なものであり、将来的に完成させる予定であることを申し添えたい。

ところで、全世界に生息するタコ類二五〇種ほどのうち、二割強の種類は日本周辺の海に暮らしている。世界的に見ても、日本はタコという動物を多く抱えている場所である。日本周辺の海をさらにクローズアップすれば、日本のタコの三割を超える種は琉球列島周辺の海にいる。本書でも折に触れて紹介した沖縄を囲む海は、タコ類の多様性が高い「タコのホットスポット」と言えるところだ。

そう考えると、そのような島嶼にある大学に身を置く私がタコについて研究することは、本人の思いを超えて、もはや必然とか当然とか言えることのように思えてくる。実際に、本書の中でも紹介した熱帯性のタコ類は、それまでの私のタコ観を刷新し、私をタコの学びへと強く誘ったように思う。

はるか先達の佐々木望博士や瀧巌博士に思いを馳せれば、同じように日本に生まれ、タコの食文化の中で育った私が、まだまだ未開拓のホットスポットである沖縄でタコのドラムを叩けること、そういう学術的な一時代に身を置いたことは、幸いなことと言えるかもしれない。メロディーをつたなく奏でるその小さな営みが、タコを愛する国からタコ学を発信する大きな潮流を生み出すことにつながるなら、それもまた幸いで愉快なことだと思う。

本書を書き進める上では、多くの人々に助けられた。ここに改めて謝意を示したい。

はじめに、日々ともに研究のアドベンチャーを歩んでいる琉球大学池田研究室の学生諸君に感謝したい。一人一人の名前は挙げきれないが、彼ら、彼女らと過ごす時間の中で、私も大いに教えられ、インスピレーションを受けた。美しい生体写真や図版の使用を快く承諾してくれた諸兄姉にも改めて感謝したい。

次に、私の中でのタコ熱が高まる絶妙なタイミングで本書執筆の機会を与えられ、原稿作成をリードしてくださった朝日新聞出版「朝日新書」編集部の大﨑俊明氏に感謝したい。

同氏は、新書を書くという点でも私に新しい経験の機会を与えてくださった。

そして、ともに齢八十を超え、今もなお医師として患者と向き合う母と、異国の大学にあり現役の教授として教育と研究に邁進《まいしん》する父にも、常の励ましに感謝したい。

最後に、私のタコ話、イカ話を誰よりも楽しそうに聴いてくれる妻の香代子に感謝する。

二〇二〇年一月

いつもより暖かな冬の沖縄で

池田　譲

池田　譲 いけだ・ゆずる
一九六四年、大阪府生まれ。北海道大学大学院水産学研究科博士課程修了。二〇〇五年より琉球大学理学部教授。頭足類の社会性とコミュニケーション、自然史、飼育学を研究。著書に『イカの心を探る―知の世界に生きる海の霊長類』(NHK出版)、『新鮮イカ学』(奥谷喬司編・東海大学出版会、分担執筆)、『美ら島の自然史―サンゴ礁島嶼系の生物多様性』(琉球大学21世紀COEプログラム編集委員会編・東海大学出版会、分担執筆)がある。

朝日新書
761

タコの知性《ちせい》

その感覚と思考

2020年4月30日第1刷発行
2024年9月10日第2刷発行

著　者　池田　譲

発行者　宇都宮健太朗
カバーデザイン　アンスガー・フォルマー　田嶋佳子
印刷所　TOPPANクロレ株式会社
発行所　朝日新聞出版
〒104-8011　東京都中央区築地5-3-2
電話　03-5541-8832（編集）
　　　03-5540-7793（販売）
©2020 Ikeda Yuzuru
Published in Japan by Asahi Shimbun Publications Inc.
ISBN 978-4-02-295066-6
定価はカバーに表示してあります。

落丁・乱丁の場合は弊社業務部(電話03-5540-7800)へご連絡ください。
送料弊社負担にてお取り替えいたします。

朝日新書

新版 知らないと損する
池上彰のお金の学校

池上 彰

銀行、保険、投資、税金……生きていく上で欠かせないお金のしくみについて丁寧に解説。給料の決められ方、格安のからくり、ギャンブルの経済効果など納得の解説ばかり。仮想通貨や消費増税、キャッシュレスなど最新トピックに対応。お金の新常識がすべてわかる。

水道が危ない

菅沼栄一郎
菊池明敏

「日本の安全と水道は問題なし」は幻想だ。地球二回り半分の老朽水道管と水余り、積み重なる赤字で日本の水道事業は危機的状況。全国をつぶさにルポし、国民が知らない実態を暴露し、処方箋を探る。これ一冊で、地域水道の問題が丸わかり。

大江戸の飯と酒と女

安藤優一郎

泰平の世を謳歌する江戸は、飲食文化が花盛り！田舎者の武士や、急増した町人たちが大いに楽しんだ。武士の食べ歩き、大食い・大酒飲み大会の様子、ブランド酒、居酒屋の誕生、出会い茶屋での男女の密会――。日記や記録などで、100万都市の秘密を明らかにする。

朝日新書

寂聴　九十七歳の遺言

瀬戸内寂聴

「死についても楽しく考えた方がいい」。私たちはひとり生まれ、ひとり死ぬ。常に変わりゆく。かけがえのないあなたへ贈る寂聴先生からの「遺言」――私たちは人生の最後にどう救われるか。生きる幸せ、死ぬ喜び。魂のメッセージ。

知っておくと役立つ　街の変な日本語

飯間浩明

朝日新聞「be」大人気連載が待望の新書化。国語辞典の名物編纂者が、街を歩いて見つけた「まだ辞書にない」新語、絶妙な言い回しを収集。「昼飲み」の起源、「肉汁」は「にくじる」か「にくじゅう」か、などなど、日本語の表現力と奥行きを堪能する一冊。

中国共産党と人民解放軍

山崎雅弘

「反中国ナショナリズム」に惑わされず、人民解放軍の「真の力〈パワー〉」の強さと限界に迫る！　国共内戦、朝鮮戦争、文化大革命、中越紛争、尖閣諸島・南沙諸島の国境問題、米中軍事対立、そして香港問題……。軍事と紛争の側面から、〈中国〉という国の本質を読み解く。

朝日新書

早慶MARCHに入れる中学・高校
親が知らない受験の新常識

矢野耕平
武川晋也

中・高受験は激変に次ぐ激変。高校受験を廃止する有力中高一貫校が相次ぎ、各校の実力と傾向も5年前と一変。大学総難化時代、「なんとか名門大学」に行ける中学高校を、受験指導のエキスパートが教えます！トクな学校、ラクなルート、リスクのない選択を。

第二の地球が見つかる日
―太陽系外惑星への挑戦―

渡部潤一

岩石惑星K2-18b、ハビタブル・ゾーンに入る3つの惑星を持つ、恒星トラピスト1など、次々と発見されつつある、第二の地球候補。天文学の最先端情報をもとにして、今、最も注目を集める赤色矮星の研究を中心に、宇宙の広がりを分かりやすく解説。

俳句は入門できる

長嶋 有

なぜ、俳句は大のオトナを変えるのか⁉「いつからでも入門できる」「俳句は打球、句会が野球」「この世に傍点をふるようによむ」――俳句でしかたどりつけない人生の深淵を見に行こう。芥川賞&大江賞作家で俳人の著者が放つ、スリリングな入門書。

タカラヅカの謎
300万人を魅了する歌劇団の真実

森下信雄

PRもしないのに連日満員、いまや観客動員が年間300万人を超えた宝塚歌劇団。必勝のビジネスモデルとは何か。なぜ「男役」スターを女性ファンが支えるのか。ファンクラブの実態は？ 歌劇団の元総支配人が五つの謎を解き隆盛の真実に迫る。

朝日新書

安倍晋三と社会主義
アベノミクスは日本に何をもたらしたか

鯨岡 仁

異次元の金融緩和、賃上げ要請、コンビニの二四時間営業まで、民間に介入する安倍政権の経済政策は「社会主義」的だ。その経済思想を、満州国の計画経済を主導し、社会主義者と親交があった岸信介からの歴史文脈で読み解き、安倍以後の日本経済の未来を予測する。

資産寿命
人生100年時代の「お金の長寿術」

大江英樹

年金不安に負けない、資産を〝長生き〟させる方法を伝授。老後のお金は、まずは現状診断・収支把握・寿命予測をおこない、その上で、自分に合った延命法を実践することが大切。証券マンとして40年近く勤めた著者が、豊富な実例を交えて解説する。

かんぽ崩壊

朝日新聞経済部

朝日新聞で話題沸騰！「かんぽ生命 不適切販売」の一連の報道を書籍化。高齢客をゆるキャラ呼ばわり、偽造、恫喝……驚愕の販売手法はなぜ蔓延したのか。過剰なノルマ、自爆営業に押しつぶされる郵便局員の実態に迫り、崩壊寸前の「郵政」の今に切り込む。

ゆかいな珍名踏切

今尾恵介

踏切には名前がある。それも実に適当に名づけられている。「畑道踏切」と安易なヤツもあれば「勝負踏切」「天皇様踏切」「パーマ踏切」「爆発踏切」などの謎めいたモノも。踏切の名称に惹かれて何十年の、「踏切名称マニア」が現地を訪れ、その由来を解き明かす。

一行でわかる名著
齋藤 孝

一行「でも」わかるのではない。一行「だから」わかる。『百年の孤独』『悲しき熱帯』『カラマーゾフの兄弟』『老子』――どんな大作も、神が宿る核心的な「一行」をおさえればぐっと理解は楽になる。魂への響き方が違う。究極の読書案内&知的鍛錬術。

日本中世への招待
呉座勇一

中世は決して戦ばかりではない。庶民や貴族、武士の結婚や離婚、病気や葬儀に遺産相続、教育は、中世の日本でどのように行われてきたのか？ その他、年始の挨拶やお中元、引っ越しから旅行まで、中世日本人の生活や習慣を詳細に読み解く。

簡易生活のすすめ
明治にストレスフリーな最高の生き方があった！
山下泰平

明治時代に、究極のシンプルライフがあった！ 簡易生活とは、根性論や精神論などの旧来の習慣を打破し効率的な生活を送ろうというもの。無駄な付き合いや虚飾が排除され、個人の能力は最大限に発揮される。おかしくて役に立つ教養的自己啓発書。

スマホ依存から脳を守る
中山秀紀

スマホが依存物であることを知っていますか？ 大人も子どもも知らないうちにつきあい、知らないうちに依存症に罹るのがこの病の恐ろしさ。国立病院機構久里浜医療センター精神科医が警告する、ゲーム障害を中心にしたスマホ依存症の正体。

決定版・受験は母親が9割
佐藤ママ流の新入試対策
佐藤亮子

共通テストをめぐる混乱など変化する大学入試にこそ「佐藤ママ」メソッドが利く！ 読解力向上の秘訣など新時代を勝ち抜くカギを、4人の子ども全員が東大理Ⅲ合格の佐藤ママが教えます。ベストセラー『受験は母親が9割』を大幅増補。

ひとりメシ超入門
東海林さだお

ラーメンも炒飯も「段取り」あってこそうまい。ショージさんが半世紀以上の研究から編み出した「ひとりメシ十則」を初公開！ ひとりメシを楽しめれば、人生充実は間違いなし。『ひとりメシの極意』に続く第2弾。南伸坊さんとの対談も収録。

閉ざされた扉をこじ開ける
排除と貧困に抗うソーシャルアクション
稲葉 剛

25年にわたり、３０００人以上のホームレスの生活保護申請に立ち合うなど貧困問題に取り組む著者は、住宅確保ができずに路上生活から死に至る例を数限りなく見てきた。支援・相談の現場経験から、２０２０以後の不寛容社会・日本に警鐘を鳴らす。

患者になった名医たちの選択
塚﨑朝子

がん、脳卒中からアルコール依存症まで、重い病気にかかった名医たちが選んだ「病気との向き合い方」。名医たちの闘病法に必ず読者が「これだ！」と思う療養のヒントがある。帚木蓬生氏（精神科）や『「空腹」こそ最強のクスリ』の青木厚氏も登場。

自衛隊メンタル教官が教える
50代から心を整える技術
下園壮太

老後の最大の資産は「お金」より「メンタル」。気力、体力、脳力が衰えるなか、「定年」によって社会での役割も減少します。「柔軟な心」で環境の変化と自身の老化と向き合い、新たな生き方を見つける方法を実践的にやさしく教えます。

江戸とアバター
私たちの内なるダイバーシティ
池上英子
田中優子

武士も町人も一緒になって遊んでいた江戸文化。それはダイバーシティ（多様性）そのもので、一人が何役も「アバター」を演じる落語にその姿を見る。今アメリカで議論される「パブリック圏」をひいて、日本人が本来持つしなやかな生き方をさぐる。

不安定化する世界
何が終わり、何が変わったのか
藤原帰一

核廃絶の道が遠ざかり「新冷戦」の兆しに包まれた不穏な世界。民主主義と資本主義の矛盾が噴出する国際情勢をどう読み解けばいいのか。米中貿易摩擦、香港問題、中台関係、ＩＳ拡散、反・移民難民、ポピュリズムの世界的潮流などを分析。

モチベーション下げマンとの戦い方
西野一輝

細かいミスを執拗に指摘してくる人、嫉妬で無駄に攻撃してくる人、意欲が低い人……。こんな「モチベーション下げマン」が紛れ込んでいるだけで、情熱は大きく削がれてしまう。再びやる気を取り戻し、最後まで目的を達成させる方法を伝授。

朝日新書

京都まみれ

井上章一

少なからぬ京都の人は東京を見下している？ 東京への出張は「東下り」と言うらしい？ 古都をめぐる毀誉褒貶は令和もやまない。外国人観光客を引きつけて日本のイメージを振りまく千年の誇らしげな洛中京都人に、『京都ぎらい』に続いて、もう一太刀、あびせておかねば。

タコの知性
その感覚と思考

池田 譲

地球上で最も賢い生物の一種である「タコ」。大きな脳と8本の腕の「触覚」を通して、さまざまな知的能力を駆使するタコの「知性」に迫る。最新研究で明らかになった、自己認知能力、コミュニケーション力、感情・愛情表現などといった知られざる一面も紹介！

老活の愉しみ
心と身体を100歳まで活躍させる

帚木蓬生

終活より老活を！ 眠るために生きている人になるな、精神的不調は身を忙しくして治す……小説家で医師である著者が、長年の高齢者診療や還暦での白血病の経験を踏まえて実践している「食事」「習慣」「考え方」。誰一人置き去りにしない、快活な年の重ね方を提案。